U0258557

取悦自己的无限种可能

元气绿植

29个要点
×
64种想马上入手的
观叶植物
×
基础养护知识

OUTDOORS

FULL SUN

PARTIAL SHADE

暮らしの図鑑
グリーン

[日]境野隆祐 著
温烜 译

中信出版集团 | 北京

图书在版编目（CIP）数据

取悦自己的无限种可能：元气绿植 /（日）境野隆祐著；温烜译. -- 北京：中信出版社，2023.3（2024.7 重印）

ISBN 978-7-5217-5312-7

I. ①取… II. ①境… ②温… III. ①观赏植物－观赏园艺 IV. ①S68

中国国家版本馆 CIP 数据核字（2023）第 022999 号

暮らしの図鑑 グリーン
(Kurashi no Zukan Green : 6312-3)
© 2020 Ryusuke Sakaino / Ayanas
Original Japanese edition published by SHOEISHA Co.,Ltd.
Simplified Chinese Character translation rights arranged with SHOEISHA Co.,Ltd.
through Japan Creative Agency Inc.
Simplified Chinese Character translation copyright © 2023 by CITIC Press Corporation
本书仅限中国大陆地区发行销售

权利声明：本书内容由植物商店 AYANAS 提供支持。
装帧·设计　　山城由（surmometer inc.）
插画　　　　　あしか图案
文（第三部分）　石岛隆子
编辑　　　　　古贺あかね

取悦自己的无限种可能：元气绿植
著者：　　[日]境野隆祐
译者：　　温烜
出版发行：中信出版集团股份有限公司
　　　　　（北京市朝阳区东三环北路 27 号嘉铭中心　邮编　100020）
承印者：　北京启航东方印刷有限公司

开本：880mm×1230mm 1/32　　印张：7　　字数：82 千字
版次：2023 年 3 月第 1 版　　印次：2024 年 7 月第 2 次印刷
京权图字：01-2023-0955　　书号：ISBN 978-7-5217-5312-7
定价：72.00 元

序言

　　构成我们生活的有多种事物，而亲手挑选物品可以让我们每天的生活绚丽多彩。

　　"取悦自己的无限种可能"系列图书甄选精致事物，只为渴望独特生活风格的人们。此系列生动地总结了使用这些物品的创意，以及让挑选物品变得有趣的基础知识。

　　此系列并不墨守成规，对于探寻独具个人风格的事物，极具启发意义。

　　这一册的主题是"元气绿植"。观叶植物能够滋养我们的生活。这本书不仅给大家推荐了一些观叶植物，而且介绍了用植物装饰的灵感，并将教那些很难养活植物的人学会基础的培育方法。希望能够对您的绿色生活有所帮助。

第二部分 64 种想马上入手的观叶植物

取悦自己的无限种可能：元气绿植

第三部分　希望读者了解的基础知识

SUNNY PLACE

第一部分
享受生活中的绿色

想让生活多一抹绿色，

所以买来一株绿植，

但总觉得并没有想象中那么漂亮……

该如何是好呢？

我们求教了植物商店AYANAS的境野先生，

以及其他商店、厂家、景观设计师。

第一步：放在哪儿？

有植物生长的家中，人也会好好生长

　　绿植能够为室内带来不一样的色彩。虽然是房间里的装饰品，但请不要忘记，它是有生命的。因此，好好思考一下放置植物的环境。

　　在选择放置的房间时，我考虑的必要条件是光照及通风良好。想让植物茁壮成长，这两个条件是必不可少的。光照的重要性不言而喻，但通风的重要性很容易被忽略。当清新的风穿过房间，不只是房间里的人会觉得神清气爽，对于植物来说，也是如此。

　　当然，为了植物而搬家是小题大做，但请记住，无论对于人还是对于植物，阳光与通风都尤为重要。

　　　　　　　　取悦自己的无限种可能：元气绿植

仔细环视一下你的家吧。这间房里，既有阳光洒落的窗边，也有阳光照射不到的地方。

原生地不同，植物喜好的温度、湿度、光照也不同。既有适宜在强烈光照下生长的植物，也有喜欢阴暗潮湿环境的植物。在选择放置地点时，应当尽量将植物放在接近它原生地环境的地方。

为了便于读者区分，第二部分将环境分为了三类：室外或阳台这样阳光直射的环境；窗边等光线充足的室内环境；只有半天向阳，但背阴时也能看清报纸上字迹的室内环境（见第 90 页）。仅供大家在选择植物以及放置地点时参考。

好养的植物

第一盆一定要选

原产于干燥地区的虎尾兰。虎尾兰可以利用整棵植株储存水分，即便浇水次数不多也没问题。上图左右分别为柱叶虎尾兰与香蕉爱氏虎尾兰。它们肥厚的叶片中储存了大量水分。

少浇几次水也能够养活的品种

　　在为你的新家添置植物，开启绿色生活之前，或许你已经挑花了眼，不知道该选哪种植物好。如果你是那种不希望体验培育失败的人，那么不妨从适合新手种植的植物开始尝试。

　　虽然很难有一个标准去界定植物是否"好养"，但不需要频繁浇水的植物，至少能够让我们省下许多照料它的心思，应当算是"好养"吧？从这个角度出发，首先推荐的就是虎尾兰。虎尾兰肥厚的叶片能够储存大量的水分，就算你偶尔忘记浇水，也不会影响它的生长。那些工作繁忙，没有信心照料好植物的人，也可以安心选择虎尾兰。

观叶植物中绕不开的天南星科植物。天南星科植物具有很强的耐阴性（在日照不足的环境中生存的能力），种类繁多，最有代表性的品种是绿萝。在采光条件不太好的商店或者办公室中常见。下图中的两株是叶片呈可爱心形的心叶蔓绿绒。这种植物在只有半天光照的环境中也能长得很好。

即便日照不足，鹅掌柴属植物也能够茁壮成长，是一类耐受度很强，很难养失败的植物。因此，日本的许多公共设施与办公室中都能够看见鹅掌柴属植物的身影。照片中的鹅掌藤被改造成了稍显别致的树形。

植物中的顽强者：日照不足也能够存活

从"不容易枯死＝好养"这个角度来考虑的话，我一定要给大家推荐绿萝等天南星科植物。这类植物虽然更适合在日照充足的地方生长，但耐阴性同样强，在采光不太好的住宅、办公室或是店里也能养。此外，密脉鹅掌柴（见第124页）也拥有优秀的耐阴性，因为是极常见的观叶植物，想必许多人都见过。还有被改造成树形或是其他有趣形状的，不妨去找一盆你最喜欢的吧！

容易买到的桌面植物

　　接下来要介绍的是很容易就能买到，可以用来点缀房间的小盆栽。随手在餐桌、厨房吧台、办公桌旁摆上几盆小盆栽，就可以瞬间让原本了无生趣的房间变得生机盎然。

　　近来，百元店或者无印良品等店里也出售这类小盆栽。小盆栽中卖得最火的，当属马拉巴栗（俗称发财树）、袖珍椰子以及日本栲等。无论哪一种，都是容易培育且可以轻松带回家的品种。而在我的店里，说起迷你绿植，最具代表性的还是百万心（见第132页），小盆栽可以随手放在桌上，因此受到许多人的喜爱。当作礼物或者伴手礼更是上佳之选。

　　小盆栽不占空间，容易摆放。但养盆栽植物时，也有一些注意事项。首先，小盆就意味着土的量也少，土壤容易干燥，因此需要时时检查土壤的状态，同时不要忘了浇水。

　　其次，虽然买回来的是小盆栽，但植物的品种不同，它们不一定都不会长大。比方说榕树，在原生地是可以长到数十米的。就算你是因为它看上去很小才买它，也请做好它将来可能会长大的打算。不过换个角度来说，亲眼见到长久陪伴着自己的植物生长，不也正是养植物的乐趣之一吗？

小小植物相随的漫长生活

挑选一棵『标志树』

要么高要么大，选一棵有存在感的植物

在传统的印象中，只有独栋独户的人家，才会在院子中种一棵醒目的树，来作为"标志树"。但你有没有想过，客厅里也可以种上"客厅的标志树"呢？"标志树"不只是一个巨大的盆栽。想象一下，你在客厅中挂了一盆巨大的鹿角蕨是什么样子？用一株具有强烈存在感的植物来为房间定一个基调吧！当然，也总有人担心"小植物我都养不好，大植物就更……"。但实际上，越大的植物生命力往往越强。从种大型盆栽开始不失为一个不错的选择。与植物一起生活得越久，它的存在感就越强，你也会更加依恋它。如此一来，它就成了真正的"家的标志"。

从左上顺时针方向依次是：
象耳鹿角蕨、多蕊木、三角鹿角蕨。
这三种都是具有强烈存在感的植物，十分适合作为"标志树"。如果房间里放不下体积较大的植物，就选一种更抢眼的植物吧。

如今，在网上搜索并购买植物已经很普遍。因此，也有许多人会问："我收到的植物和图片上的是同一株吗？"例如右页中的孟加拉榕，即使是同一种植物，枝、叶乃至树形的不同平衡，在同一种盆里也会显示出不同的个性。既然好不容易决定要买一株植物回家，当然还是用心挑选的好。

当然，有的网店也会将照片里的那株植物摆出来销售。因此，不去实体店时，逛逛这类网店也是挑选植物的一种手段。但当真正将一株植物捧在手中时，你还是能感受到照片无法传达的魅力，并有新发现。所以，还是建议你找一家最喜欢的店亲自参观。

留意叶片的颜色与形状

观赏叶子的才是『观叶』植物

观叶植物，顾名思义，就是能让我们观赏叶子的植物。试着把注意力集中到叶片的形状、色彩、模样、质感等特征上吧。选择观叶植物时，一大要点便是感受它的叶片，是圆润饱满、可爱喜人的呢，还是锋锐凛冽，给人以冷峻的感觉呢？

大的、小的、细长的、心形的……从叶片开始，发现植物的魅力吧。

一株植物与室内空间是否和谐，叶片给人的印象也是不可或缺的要素之一。

譬如室内种植了一株龟背竹，你便可以欣赏它投在地板上的影子，斑驳的光影更是房间里最好的点缀。

　　龟背竹、马拉巴栗、伞榕等大叶片植物会占据比较大的空间，只需要种植一盆就能够凸显存在感。相比之下，在面积比较小的房间中种植叶片纤细稀疏的植物，则不会给人压迫感。

　　当你整理小盆栽时，可以试着有意识地将它们按照叶片的形状排序。譬如将两株叶片形状截然不同的盆栽组合在一起，这样更能够凸显它们本来的特征。如果觉得并排放时太乱，不如尝试着改变花盆的颜色或材料，你就会得到耳目一新的秩序感。

房间面积与叶片的关系

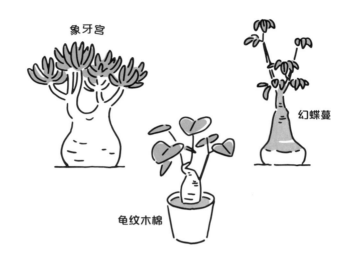

象牙宫

幻蝶蔓

龟纹木棉

所谓罕见的『珍稀植物』

收藏家们都趋之若鹜的块根植物的世界

对于那些想要稀有、彰显个性的植物的人们，我推荐尝试块根植物。所谓块根植物，就是根部形状独特的植物。块根植物在日本非常受追捧，交易量也在不断增加，但与马拉巴栗、绿萝等流行品种比起来，依旧是一种罕见的植物。如果你正在寻找一些更具个性的植物，不妨试试养几株块根植物。尤其对那些想要收集各种各样独特之物的人来说，块根植物更是一个不容错过的门类。这本书介绍了块根植物的代表象牙宫（见第144页）和龟纹木棉（见174页）。

　　即便是流行的品种，也有一些与众不同的独株，寻找它们也是一种乐趣。有的用一根绳子来引导，使得本应向上生长的枝条横向发展。有的有意让根部裸露到土壤上方，精心剪裁后塑造出造型（见第16页）。也有的刻意将花盆倾斜，上下颠倒，长年累月培育出错综复杂的树形。即使是司空见惯的品种，经过种植人的手，也能拥有令人耳目一新的印象。

　　稀有的植物本身就代表着"缘分"与"相遇"。多到店里走走或者上网逛逛！因为购买后植物也会生长，所以自己打造"盆景"也是一种乐趣。

欣赏气生根与缀化

享受观赏植物根部的乐趣

　　你见过生长在宫古岛等南方岛屿上的大榕树吗？可能有人知道，从圆圆的粗壮树干上垂下来，像胡须一样的东西其实是根须。这种根须被叫作"气生根"。随着榕树的生长，它的气生根也会慢慢长长，直指地面。也有许多人认为气生根的形状给人一种神圣的印象，因此很喜欢观赏它。上图照片中的羽叶蔓绿绒以及其他许多喜林芋属植物，都有可供赏玩的气生根。市面上也有许多没有气生根的品种在售，但都被修剪成了能够看见根部的形状，这种修剪方式被称作"露根法"。

FORMA CRISTATA

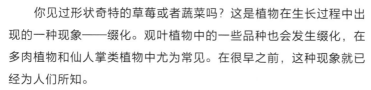

你见过形状奇特的草莓或者蔬菜吗？这是植物在生长过程中出现的一种现象——缀化。观叶植物中的一些品种也会发生缀化，在多肉植物和仙人掌类植物中尤为常见。在很早之前，这种现象就已经为人们所知。

在买一株普通的植物之前，你精心挑选了喜欢的形状，但 5 年、10 年之后，它们还是渐渐长得相似。但发生缀化的植物不一样，即便是同一个品种的仙人掌，在发生缀化后，它们的形态也变得大相径庭。缀化打破了物种外形的平衡，但这种"不知未来如何"的变化，恰恰是缀化的魅力所在。

取悦自己的无限种可能：元气绿植

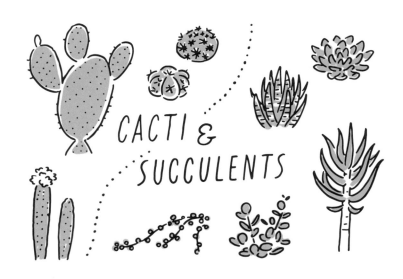

与多肉植物一起生活

个性姿态

配合环境不断进化的

一定有许多人因为被多肉植物可爱的外表吸引，在家里摆上了一盆又一盆吧？想必有不少人想要了解多肉植物的魅力，却不得其法，因此我咨询了多肉植物造型家TOKIIRO先生，让他带我们走进多肉植物的世界。

——多肉植物种类繁多，它们的共性是可以在根、茎、叶中储存水分。多肉植物的主要原生地是拉丁美洲和非洲南部的干燥地区。多肉植物们为了适应恶劣的环境，进化出各种各样的姿态，这正是它们最大的魅力。有些多肉植物的样子，会让人不禁疑惑："怎么能长成这种形状、这种颜色？"在日本，自江户时代多肉植物就作为园艺植物栽培，广受喜爱。有些多肉植物的叶片还会根据四季变化，有的甚至会变成红色，更是别具魅力。

多肉植物性喜阳光，因此，许多品种其实并不适合在室内栽

培。如果可以，请将它们放在诸如阳台、庭院等处；条件不允许的话，也尽量将它们放在室内能够被阳光直射的地方。若光照不足，多肉植物会"徒长"，也就是茎叶异常伸长。如果出现了这种情况，就给它们换个地方吧。此外，与其他植物一样，多肉植物也需要通风良好的环境。至于浇水，则因多肉植物的种类及其放置的地方各异。比较简单的方法是每两周一次，如果发现土壤干燥了，就多浇一些，直到水从花盆底部的孔渗出。虽然人们普遍认为多肉植物不需要浇水，但多肉植物是一种喜水的植物。多肉植物能够用叶片储存水分，浇多了，会让它们过度储水，所以比其他植物少一些就好。

有趣的多肉植物造型

容器中无限的多肉植物宇宙

　　TOKIIRO创作了许多多肉植物造型作品，譬如将多肉植物种植在小盆里，排列成花束形。在造型家的手中，一个个陶器与多种多样的多肉植物组成了一片森林，在小小的容器中，孕育出一片深邃而多彩的世界。

　　你也可以尝试着用多肉植物制作一个花环，以活生生的多肉植物装点墙壁。TOKIIRO便是以制作花环为原点走进多肉植物造型的世界。还可以用水苔与木板来制作花环并做造型。这种极具立体感的"绘画"作品会随着时间不断变化生长，妙不可言。此外，还可以将多肉植物种植在吊篮中，然后悬挂起来用于装饰。如此多变的造型方式同样是多肉植物的魅力所在。

TOKIIRO 的装饰作品。小小的容器中，一个
森林般的宇宙正在延伸。请试着在喜欢的小
盆底部打孔，栽培各种各样的多肉植物吧。
详细方法可以参见第 64 页。

花盆的大小是用数字来表示的。1 号盆的直径和高度大概是 3 厘米，号数取决于花盆最宽的部分的直径。如果直径是 24 厘米，那就是 8 号盆。即便号数相同，花盆的高度也不尽相同。比较低矮的被称作"浅盆"，高的叫作"深盆"。

将花盆放入盆罩中时，需要留心盆罩的大小，盆罩过大或者过深都会导致花盆中的土接受不到阳光照射，或通风不良，引起霉变。

如果盆栽比较笨重，推荐选择带脚轮的盆罩。当你为了清洁或店面布局需要频繁移动盆栽时，这种盆罩能够派上用场。

篮子

盆罩

花盆

　　花盆是室内布局的重要组成部分，我们当然想选择一款对植物来说舒适，外表看上去也漂亮的。刚把盆栽买回来的时候，它们通常被装在塑料花盆或者黑色的聚乙烯盆中。这种容器虽然不漂亮，但是对植物的培育没有什么太大的坏处，因此在刚买回来时没必要更换。在设计感上，也可以考虑用盆罩来弥补。盆罩有藤编篮子或底部无孔的陶器等可以选择。

　　花盆的材质有陶瓷、水泥、金属、木头等，对植物来说最适宜的是素烧陶瓷，它的优点是在冬天浇水或者通风时，植物的根部也不会轻易受冷。

优先外观还是功能？
选择花盆的材质

挑选花盆与盆罩的乐趣

形状、材质、颜色、大小：花盆与植物的组合有无限可能

　　挑选一个与你房间的设计相称的花盆吧！寻求花盆与植物间的完美平衡，就像寻找心爱的菜肴与食器的美妙组合。近来花盆的形状等变得越来越自由多样，因此花盆与植物的组合有无限可能。如果你觉得自己换花盆很困难，也可以找一家能够帮忙换盆的店铺。

　　接下来将分别介绍一些推荐的花盆、店铺以及盆景造型家，希望你在装饰房间时能够作为参考。另外，店铺的库存会随时变化。第 206—210 页总结了各种店铺信息，请在网站上确认。

AYANAS

AYANAS 提供具有室内设计感，同时从园艺角度来看极
具适用性的原创花盆以及量产花盆。AYANAS 的花盆的
魅力在于设计简洁，便于使用。

（关于 AYANAS 的店铺详细信息，见第 206 页）

SNARK

建筑事务所 SNARK 开发的使用金属材质的系列产品。极具工业感的设计和表面涂装与空间适配。这个系列不仅可以当盆罩，而且可以直接栽种植物。

（关于 SNARK 的详细信息，见第 208 页）

HACHILABO

如果你有这种担忧——太简洁的花盆过于单调，太复杂的花盆又难以搭配……那么HACHILABO为你提供"既值得仔细赏玩又与植物相得益彰的花盆"。HACHILABO的花盆由陶艺家设计，再挑剔的人也能找到心仪的产品。

（关于HACHILABO的详细信息，见第 208 页）

aarde

老字号花盆供应商近江化学商事为个人用户开设的网上专卖店，出售各种专卖店独有的丰富商品。无论是尺寸、个人喜好、材质，都能满足顾客需求。

（关于 aarde 的详细信息，见第 208 页）

取悦自己的无限种可能：元气绿植

ROUSSEAU

ROUSSEAU 是一个独具魅力的原创玻璃容器品牌。矿物质结晶般的多面体玻璃能够营造出诗意的氛围。既可以拿它当作花盆来种植多肉植物，也可以在其中加水来种植花卉或者用作水培器皿。ROUSSEAU 有许多独一无二的产品，你可以在社交网络上查询相关信息。

（关于 ROUSSEAU 的详细信息，见第 210 页）

Flying

Flying 的主要经营范围是空间演出与视觉设计，还有活动策划与产品开发。Flying 开发了用来装饰鹿角蕨的附生板以及栽种苔藓球的花盆等许许多多能够让房间焕然一新的产品。

（关于 Flying 的详细信息，见第 207 页）

menui

menui经营自然风、亚洲风、做旧风、北欧风、田园风等风格的藤编篮子，适合用于室内装饰。务必试试将这些篮子当作盆罩使用。在menui家，你可以找到来自世界各地的各种藤编篮子。金属挂篮和葡式水壶与植物都有极高的适配度。

（关于menui的详细信息，见第210页）

取悦自己的无限种可能：元气绿植

ideot

盆罩的一大魅力在于可以自由选择材质。ideot 是一家生活方式商店，售有伊朗游牧民族采用传统波斯毯编织工艺"old gabbeh"制作的花盆。此外还有许多兼具传统印象和现代感的花盆销售。

（关于 ideot 的详细信息，参见第 209 页）

将植物移到日照充足的地方

阳光与通风对植物来说至关重要。话虽如此，但并不是所有人都拥有阳光满溢的房间。我们需要尽量在现在生活的家中找到一个不错的环境。因此，最重要的便是将阳光最充足的地方用来养植物。将盆栽养在窗边，或是在阳光充足的地方放一张桌子或者凳子，为小株植物提供一个"特等席"吧。在考虑室内设计与家具布置时，最佳方案是一开始就考虑在窗边放置植物专用桌或架子。想要长久地享受绿色生活，请记住"植物优先"！

光线良好的床边是植物的「特等席」

　　如果你家里的植物摆放得零乱分散，请试着把它们归整到一处。通过整理，你既可以集中照料植物，也更容易让它们出现在你的视线里，以免忘记。如果你家里有一扇采光良好的宽大窗户，那么我建议你将植物放在向阳的窗台上。就算家中植物的数量不多，也可以通过将植物归整到一面墙处，来为你的家营造一个"绿植之家"的氛围。就好比说，比起零星的几朵花，花束更能够给人深刻的印象。根据心情整理家中的植物和生活物品也是一种乐趣。

为植物腾出一片专门空间

Ladder Shelf

用装饰花架打造植物园的氛围

借花架的高度更高效地利用阳光

前文提到了为植物准备"特等席"，不过，阳光弥足珍贵，如果你想要让它惠及更多植物，那么可以尝试使用一个有些高度的花架。将植物整理到花架上，这会为房间的一角营造出一种植物园般的氛围。我曾经在旧住所的窗边放置过一个高架，专门用来摆放植物。使用有高度的花架的要点是放入叶子下坠的植物。在花架上放置垂藤类植物，譬如说百万心或丝苇属植物，能够改善空间的层次感，增加视觉深度。也可以使用开放式货架、梯子物品架或是装饰柜来放置植物。

你可以尝试将藤蔓绕在柱子上，并用叶子下坠的植物来装饰，这样能够避免单调的视觉效果。这张图中的植物有多花耳药藤以及百万心。

用木箱制成的花架。如果你想要一个能够变换高度的花架，那么这也是一种便利的方式。

（销售店铺：绿色杂货屋，店铺详情见第 210 页）

装饰时留心高度差

尝试在植物的体积与花架的高度上做些变化

重视高度差是装饰的窍门之一。如果你有两三个盆栽放在地上，不妨试试将其中一盆放在一张小桌子或是凳子上。又或者，你在架子上放了许多小型植物，那不妨试试将它们按照高度的不同排序。还可以尝试利用花盆架改变高度。将植物从天花板上吊下来也是一种行之有效的方法（见第 56 页）。

另外，尝试利用植物的体积制造一些视觉上的变化也是一个好办法。如右页中的插画所示，根据 3 种植物的不同体积，将它们排列成三角形。只要带着这个意识排列，就能够给人平衡感。

将「脸」朝上的植物放在低处

不知你是否意识到，植物也是有"脸"的？我认为，从最佳观赏角度看到的植物形状，便是它们的"脸"。

譬如龙舌兰，俯瞰起来构图最美，因此龙舌兰的"脸"便是朝上的。降低这类植物摆放的高度，将它们排列在齐腰高的柜子上吧。此外，再挑选一些俯视视觉效果不错的小物件放在旁边。

找一些适合室内的植物，以这样的方式来摆放也是一大乐趣。

打造一间梦幻的绿色房子

想要拥有一间满是植物的房子……只要你习惯了选择并照料植物，自然而然，你就会想要通过各种各样的植物来创造属于自己的绿色室内设计风格。想要营造一个亚洲风格的环境，就多用一些南国风味的品种；想要创造一个帅气的室内风格，就多多收集罕见植物；想要北欧风格，可以多栽种一些看上去有温暖感的大叶片植物……植物身上都带着原生地的气味，所以，为什么不试着用植物来营造室内的氛围呢？

在收集植物并用它们来装饰屋子时，尝试着将形状相近的植物排成一排，或者将叶片朝向不同的植物组合起来，营造出一种丛林般的多层次空间感吧。这种富有韵律的组合，也是趣味所在。

像画一样装饰植物

Flying

来自产品设计公司Flying的原创植物附生板。(销售：Flying，店铺详情见第207页)

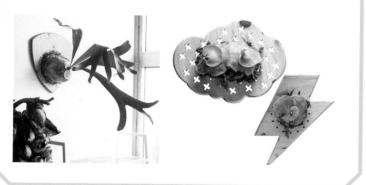

将植物像画一样挂到墙上吧！一些能够附着在岩石或是树木上生长的附生植物，比如兰花、大蕨萁、气生植物等，也能够在绝大多数具有渗透性、保水性以及透气性的材料上生长。常见的这类材料有专门的植物附生板、沉木、熔岩等。从古至今，农户与园艺家都喜欢用它们做造型，这些植物能够像画一样挂到墙上观赏。近来，这种极富设计感的附生板更是吸引了室内设计师和产品设计师的目光，他们的设计赋予了附生板新的价值。如今，在商店里也很容易见到这类产品的身影，为什么不挑战一下用它们来装饰室内呢？安装附生板的方法在本书第68页有介绍。

像画一样，将植物挂到墙上

享受你的阳台园艺

挑选一些适合室外的植物

"想要建造一个属于自己的庭院，但我住在公寓里……"有这种烦恼的人，不妨领略一下阳台园艺的魅力。即便空间狭窄，只要用心，也能够打造一个具有自己风格的空间。

请挑选适合的植物放在阳台上。虽说植物喜欢阳光，但是养在阳台的植物要耐得住酷夏。烈日下强烈的日照与反射的阳光会使得阳台过热。因此，养在阳台的植物要能够在这种恶劣的环境中生长。仙人掌、芦荟等植物，能够耐受阳光直射，适合放在阳台。此外，本书中适合在室外环境中种植的植物都有户外的标记，敬请参考。

取悦自己的无限种可能：元气绿植

阳台园艺造型家RIKA的阳台（见第 80 页）。

（见第 80 页）

制定针对严寒酷暑的策略

由于阳台不如室内般引人注目，因此人们往往会减少给阳台植物浇水的频率。因此，请选择更能适应水分流失的植物，如多肉植物、仙人掌、芦荟等。但阳台毕竟暴露在阳光直射下，土壤的水分流失很快，即便再忙，也请不要完全忽视它们。尤其是在夏天，注意不要让空调外机的排风直接吹到植物上。如果阳光过于强烈，还请用遮光罩遮住它们。冬天的低温对热带植物来说也是一大挑战。冬天时请把耐寒性差的植物移到室内吧！如果阳台的地板是混凝土浇筑的，还可以铺上软木或者木板来缩小温度差。

用气生植物装饰的多种方法

小精灵空气凤梨

丝叶铁兰（海胆）

霸王空气凤梨

气生植物：一跃成为装饰植物中的明星

　　铁兰是一种不需要土壤也能生长的附生植物，有时也被人们称作"气生植物"。如今，它越来越受人们青睐。原生地的铁兰附着在大树或岩石上，通过叶子与茎吸收水分来成长。因此，铁兰不需要在土壤中扎根，可以像普通的室内小装饰一样，被种植在各种容器中或各种地方。气生植物有盆栽植物所不具备的独特姿态和魅力，极富存在感。你可以试试在室内光线柔和、通风良好的阴凉处，譬如透光的蕾丝窗帘后或者其他光线恰好足够阅读报纸的地方，种植气生植物。

气生植物的一大魅力在于其灵活多变的装饰方法。你可以在玻璃容器或是篮子中种植它们，甚至可以将它们放在摆放杂货的装饰柜上，无论哪种方式，都能让你体会到气生植物的趣味。试试将一株较大的气生植物从天花板上吊下来，或是将它们像干花一样挂在墙上。气生植物"体重"轻，几乎可以点缀任何地方，譬如将它们挂到大株盆栽的树枝上或窗帘导轨上。此外，由于不需要土壤，你可以在希望保持清洁的地方种植气生植物，譬如餐桌或者厨房周边，这一特性还使得气生植物适合在商店或者办公室里栽种。但不要忘记保证通风。

Tillandsia

Air Plants

在盆栽的土壤上覆盖一层装饰性的石头或是木屑，被称作"护根"（mulching）。铺面除了有防止土壤干燥和防治害虫等园艺作用，还能够很好地装饰室内。气生植物的一大特点便是适应这种覆盖物。当阳光洒落到气生植物的毛状体（植物叶片表面的绒毛状结构）上时，它们会熠熠生辉。

取悦自己的无限种可能：元气绿植

气生植物与玻璃容器相得益彰。你可以将气生植物种进球形玻璃容器中，享受观赏的乐趣；或者将它们放进悬挂式容器里养。但是请记住，不要将容器封口，记住确保通风。

轻盈的气生植物可以悬挂在任何地方，即使挂在大型观叶植物的树枝上，也会给人独特的印象。

GREEN LIFE

苔藓瓶这种简单的绿植形式现在很受欢迎。我们采访了苔藓瓶造型家、研讨会主持人，Feel The Garden 的川本先生。

——想要栽种植物，却没有足够的空间，或者采光不佳，又或者家中有小孩或是宠物，担心放置泥土不太安全，再或者工作繁忙到没空浇水。如果你有这些顾虑，不妨尝试一下苔藓瓶。这种栽培方法将苔藓、砂土、石子、人偶巧妙地组合起来，打造出一片森林或是山脉一样的景观。因为耐阴，哪怕是在较暗的房间，每隔几周浇一次水也可以。苔藓瓶是治愈繁忙都市人的一剂良药。

食草动物与登山者隐在有景深的造景中。只需要恍惚一瞥，便能够让你忘记忙碌的日常生活。你也可以DIY原创的景观（见第 66 页）。

　　想要在没有窗户的房间或者洗手间等地方也装点绿色植物，但是没有植物能在没有阳光的环境中生存。植物无法通过荧光灯或者白炽灯的光线进行光合作用①。因此，如果你想要在阴暗的环境中也享受绿色带来的愉悦感，不妨试试用干花、花环或者植物标本来装饰房间。花环与植物标本的另一大乐趣，在于你可以尝试用最喜欢的植物来自己制作。此外，可以像插花一样修剪植物的枝叶，为你的日常生活增添一分色彩。

---

① 原文说法有误，植物可以通过灯光进行光合作用。——译者注

从 2010 年开始制作的符合植物特性的干花。以鲜花、活体植株或者树叶、树枝、坚果、种子以及根或是其他死去的植物制作。

用绿植和花卉制作各种各样的干花

　　只愿意观赏真正的植物的人们，不妨尝试转变观念，去发掘用花草制作干花的魅力。如今，各种各样的干花很受人们追捧，它们被做成花束装饰到墙上，又或者是花环等。材料从香草到其他绿色植物均可，近来更是流行用草本植物来制作干花。制作干花不是只能用鲜花，还能用枝叶乃至坚果。用自己喜爱的植物制作植物标本是魅力所在，更可以在圣诞节、新年等节日用应季植物制作干花，让植物融入你的生活。

在摆放小型观叶植物时，试试将一些小物件、干花与它们组合在一起吧。如果你对如何搭配没有想法，那么可以从动物、植物、矿石等自然中能够见到的主题入手。想象植物在自然中生长的环境，尝试将物件组合成森林般的景观。取之自然的石头、植物、篮子等素材，与玻璃、铁矿等不同材质，都非常容易搭配。你也可以把海报、照片以及艺术品等放入框里。搭配时请留心物件与植物的对比。

与绿植的天作之合：以动植物为主题的小物件

ROUSSEAU

"A piece of nature"（一页自然）系列，将植物的
一部分密封在玻璃板中制成。多肉植物与气生植
物都可以构筑一派静谧的景象。

多个梯形面组合而成的玻璃器皿，
富有几何美感，从庭院中或者盆栽
上剪下一枝放其中作为装饰，会
很有趣！ ROUSSEAU 的不少产品都
可以用作玻璃器皿（见第 31 页）。
（店铺详情见第 210 页）

Hanging

将植物悬挂起来装饰

即便空间狭小，
也可以装饰很多

想要将绿植装饰得更有时尚感，你一定要尝试将它们挂起来。无论是天花板上，还是窗帘导轨或者照明导轨上，都可以挂上一株植物，让绿色在空间中跃动。无论是空间狭小还是房间逼仄，都可以通过悬挂的方式种上大型植物作为装饰。

最适合用来悬挂的是叶片下垂型植物，譬如丝苇属植物或是球兰等，都是商店中常见的悬挂植物。此外，鹿角蕨（见第61 页）等小而有存在感的植物也可以完全改变房间的氛围。

取悦自己的无限种可能：元气绿植

悬挂植物的方法多种多样，可以尝试使用带挂钩的吊盆，或是用以麻等材料编成的流苏花边、篮子等悬挂起来。只要是轻盈且带有排水孔的物品都可以用作花盆。

住在出租屋的人可能会对在天花板或者墙壁上打孔有所顾虑，这种时候你可以尝试将植物挂在窗帘导轨上。如果你想在其他地方也悬挂植物，还可以使用洞洞板，只需要把板子贴墙竖起来，就可以在上面悬挂多种植物。悬挂的植物应该拿到室外浇水，浇完水之后，待植物根系吸饱水，多余水分从容器底部的孔中排除干净，再放回原处。

植物悬挂法大汇总

吊一株鹿角蕨

不需要土壤，十分适合悬挂种植

鹿角蕨是一种极受欢迎的蕨类植物，（在日本）更多人把它称作"蝙蝠兰"。鹿角蕨给人以吉卜力电影般的神秘感，它的拉丁学名是"Platycerium"，是附生性蕨类植物。因此，除了用盆栽种，还可以选择将它种植到苔藓球、附生板或是沉木等上。苔藓球质量较轻，即使将鹿角蕨种在上面也可以悬挂起来，看起来很像室内装饰品。如果是大型植物，还可以将其作为你房间的"标志树"。附生板种植可以参见第 43 页、第 68 页的介绍。

用针织品来悬挂植物

根据织法不同，针织品能够组合出各种不同的花样。近来，用针织物当作植物悬挂绳的方法变得越发流行，我们采访了针织物手艺人萩野昌先生。

——我与针织工艺结缘是在美国加利福尼亚州的一家中古商店，当时我被20世纪70年代针织挂毯那种无与伦比的魅力吸引。无论是放在100年前建造的老屋中，还是放在精致的现代室内，针织品都能散发出神秘的吸引力。如果要用针织品作为悬挂绳，我推荐你在其中挂一些叶片下垂的植物，比如百万心。它们的枝条会自然伸长，房间也会因此华丽起来。

只需要悬挂一个，就能为房间增添华丽感

萩野先生制作的针织悬挂绳，编法细密，图案美丽。悬挂种植的好处是能够保持良好的光照与通风。萩野先生在家中悬挂栽种的紫罗兰已经开过好多次花了。

气生植物是一种适合悬挂栽种的植物。将气生植物悬挂起来，每当光线照到它的叶子上，便会散射出去，让房间生出一种满是阳光的氛围。悬挂栽种也能够规避气生植物容易流失水分的弱点。

不想每次浇水时都将花盆从悬挂绳上取下来？可以试试无孔花盆。当然，如果花盆有孔，可以尝试将盆托一起悬挂起来，这样即使在室内，也不用担心滴水的问题了。

你甚至可以试试自己手工编织一根悬挂绳，再将最喜爱的植物与它组合起来，享受这一乐趣吧！

悬挂栽种与气生植物完美适配

如何混种多肉植物

材料

- 容器（底部有孔）
- 网
- 剪刀
- 镊子
- 木勺
- 铜线
- 小铲子
- 多肉植物用土
- 多肉植物幼苗

1

容器底部孔洞上方用网覆盖，并填土至容积的 1/3 左右。

2

准备多肉植物幼苗。用镊子将幼苗从土壤中垂直夹起。如果幼苗比较大株，那么先用手轻轻松土，再拔出植株，并且保持植株底部带土。

3

像握花束一样将想要移植的多肉植物握在手中，放入容器内。

4

摆出你想要的造型后，用单手罩住植物，并从侧面添土固定幼苗，直至无法用手提起植株。

5

将木勺插入土壤中按压，继续填土至幼苗被固定住。反复压土，直至土壤低于容器边缘大概 5 毫米。

6

用剪刀修剪植物，剪成你想要的形状，同时添加其他多肉植物幼苗，并用 U 形铜线调整幼苗位置，一盆混栽多肉植物就完成了。

（监修：TOKIIRO，店铺详情见第 207 页）

Complete!

如何制作苔藓瓶

材料

- 玻璃瓶（如药瓶等）
- 苔藓（桧叶白发藓、大桧藓等）
- 装饰砂石
- 滴管
- 镊子
- 瓶栽用土
- 喷壶
- 玩具娃娃

1

将瓶栽用土倒入瓶中，加水至土壤浸透，用滴管吸出多余的水。

2

在土壤中加入装饰砂石，如果种植的是桧叶白发藓，就要用剪刀拨开土壤，用镊子一点一点取出并种植。

3

如果种植的是大桧藓，那么将幼苗剪成多束，聚拢成捆，再用镊子垂直夹起插入土壤中。

4

此外，可以用不同风格的装饰砂石设计景观。如果你发现砂石容易流动，可以先用水使砂石保持润湿。

5

用喷壶清洗整个瓶子，再用纸巾擦拭瓶子内部。

6

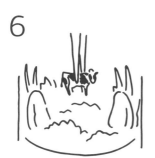

用镊子放置玩具，最后铺平砂石，即可完成制作。

Complete!

（监修：Feel the Garden 苔藓瓶，店铺详情参见第 207 页）

如何在附生板上栽种鹿角蕨

材料

- 鹿角蕨（如果植株上还带有泥土，可以用花洒冲洗）
- 透明的缝纫机线
- 剪刀
- 附生板（本页使用的是专用附生板。使用杉木板等材料时，需要在板上开孔或者用钉子固定植株）
- 水苔
- 椰糠土[①]（园艺用土，也可以用其他土壤代替）
- 6号鱼线

1

将水苔用水浸透后滤掉多余水分，置于附生板上，中间挖空做成甜甜圈状，使略高的边缘发挥类似水堤的作用，在中间凹陷处添加椰糠土。

2

在鹿角蕨根部周围填充水苔。如果植株根部还带有泥土，此后每次浇水都可能导致水分渗出，因此请在种植前仔细冲洗。

---

① 原文是一款用椰树类果实制作的园艺土，中国似乎没有在售，但是有替代品椰糠土（椰糠砖）。——译者注

3

将植株置于"堤坝"上，调整成圆形。将鹿角蕨的蓄水叶沿水苔表面铺开。大致完成后，让鱼线穿过附生板上的小孔，将附生板与植株固定。

4

如果你用的是没有打孔的板子，可以将鱼线缠到钉子上。固定时，注意不要让鱼线碰到鹿角蕨的生长点。

5

用透明的缝纫机线固定水苔，防止脱落。从附生板上各个方向缠绕固定，建议至少缠 15 圈。最后剪断线，将线头埋入水苔中。

Complete!

制作一张植物名片

你能够正确地说出家中观叶植物的名字吗？植物学名通常以拉丁文命名，所以许多植物的名字都很拗口。将其写在标签上，能够随时提醒你。

除了名字，还可以在园艺标签上写上各种有用的信息，如种植日期等。如果你在网上搜索"园艺标签"，搜索结果中会出现各种材质的标签，比如塑料或者木头制成的。与种在花坛中的植物不同，养在室内的植物不会遭受风吹雨打，因此，可以用厚纸板DIY园艺标签。试着制作与室内风格相符的标签吧！

标签既可以挂在树枝上，也可以插入土壤中。小株仙人掌配上细长标签，给人耳目一新的感觉。

根据植物挑选合适的标签吧！插在土中，还是挂在树枝上？

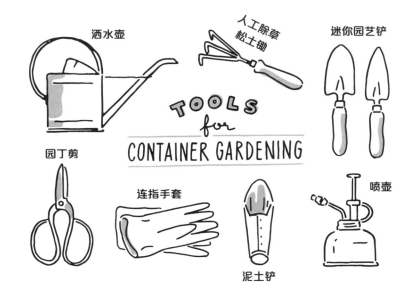

洒水壶

人工除草松土锄

迷你园艺铲

TOOLS for CONTAINER GARDENING

园丁剪

连指手套

泥土铲

喷壶

选择自己喜欢的园艺工具

　　想要让室内长期充满绿色，需要花时间打理，这也是生活的乐趣之一。浇水、移栽……这里介绍一些园艺工具，它们能够为你的绿色生活带来更多愉悦。

　　准备一个洒水壶或者喷壶。它将是你每天都会接触的东西，因此，挑选一个你最喜欢的型号。如果家里有庭院或阳台，伸缩型浇水管也是不错的选择。

　　在调整土壤的时候，铲子、围裙、橡胶手套和劳保手套能够成为你的一大助力。修剪枝叶时，你会需要园丁剪。如果想要认真投入园艺生活，那么你一定会慢慢添置各种工具。因此，买一个用于收纳工具的专用袋子吧，以免你的工具丢得到处都是。

VOIRY STORE （店铺详情见第 209 页）

洒水壶的设计足够精巧，随便放在哪儿，它都像是一幅美妙的画。挑选一个适合你房间的洒水壶吧！

（销售：VOIRY STORE，蓝色洒水壶）

当工具添置得越来越多时，可以将它们收纳在一个大手提袋中。建议购买聚乙烯或是尼龙等轻薄材质制作的大容量口袋。

（销售：VOIRY STORE，TDB海军蓝基础托特包）

在移栽、给植物换土的时候，可以戴上劳保手套。与其买一副烂大街的白色手套，不如挑选一双与众不同的手套，它们会带给你更好的兴致！

（销售：VOIRY STORE，VOIRY 劳保手套）

拥有多个颜色版本的日本产洒水壶。
这款洒水壶的盖子可以滑动，解决了
水溢出的问题，有 4 升与 6 升两种尺
寸可供选择。

（销售：Royal Gardener's Club，Takagi
株式会社制造，4 升，颜色有可可红、
香草黄、湖蓝）

家里有庭院或者阳台的话，试试伸缩型浇水管吧！

（销售：Royal Gardener's Club，Takagi 株式会社制造，小型园艺浇水管II，10 米，绿色）

波兰产喷壶，不只是按压时喷水，即使把手指松开也能喷水，极大地方便了每天的浇水工作。

（销售：Royal Gardener's Club）

在人们的印象里，园丁剪体积都很大，不适合手小的人使用。这把剪子是为手形小的人制作的。有一把这样的剪子，能够大大方便修剪工作。

（销售：Royal Gardener's Club，鲜花修剪用剪刀，银色）

FIELD GOOD 系列园艺铲，不同颜色以不同花的名字命名。产地是日本著名的金属加工地燕三条地区，品质上乘。

[销售：Royal Gardener's Club，永家制作所制造，粉色（COSMOS），米色（DANDELION）]

case 1

滨岛辉

家住日本和歌山县的 34 岁上班族。与妻子、孩子还有两条狗住在一栋带中庭的紧凑型独户住宅中。种植植物已有 5 年，从鹿角蕨、铁兰到块根植物都有广泛涉猎。

@botanical.0715

滨岛家的房子足以让人一见钟情。开放式的带中庭客厅，虽然不大，却满是各种悬挂种植的植物，让人恍若迈入一片热带雨林。鹿角蕨、铁兰（气生植物）、块根植物等，巧妙地组合在一起。

——开始与植物共同生活的契机，是建造这栋房子。这栋房子拥有中庭，有一种开放的感觉，因此，我想将它利用起来，营造一个超脱日常生活的空间。通过将悬挂植物和盆栽植物组合起来，我打造了一个仿若室外的空间。要想种好植物，最重要的是每天悉心照料，像照看自己的孩子一样打理它们，并给它们爱。

[01] 令人印象深刻的客厅。为了植物的通风，天花板上的吊扇全年无休。[02] 在滨岛家中，庭院的植物也无可挑剔！[03] 靠窗的架子上，除了多肉植物，还有许多有待移栽的盆。

第一部分 享受生活中的绿色

77

04

05

06

[04] 最妙的是巧用楼梯与侧面空间摆放植物的构思。[05] 厨房中摆放着的大盆植物。[06] 从春天到秋天，植物都在户外打理 [07] 冬天，植物被收回客厅。[08] 稀有的块根植物。[09] 附生植物树猴铁兰。[10] 植物与盆的惹眼搭配。[11] 流行的鹿角蕨也有不少。其中最适合新手的是适应力极强的二歧鹿角蕨。

第一部分　享受生活中的绿色

case**2**

RIKA

为了向更多人传递植物和绿色空间的魅力，正在作为阳台园艺造型家与植物商店推广员活动。

@skipkibun_rika

即便住在公寓，
也可以享受园艺的乐趣

"虽然住在公寓，但还是梦想有一个植物环绕的庭院"，让这种理想照进现实的，正是阳台园艺造型家RIKA。即使在公寓的一角，也能创造一片绿色满溢的空间。

——2007 年我搬到现在的公寓，从那时起，我开始尝试阳台园艺。因为空间有限，所以能够摆放的植物数量也极为有限。我尝试了用木箱、栅栏营造高度差，或是将墙壁、地面遮挡起来，装饰各类植物。不只是植物，我享受整个空间给我带来的乐趣。触摸土壤、种植植物的室内生活，让我得到治愈。如今，我的房间里有各种各样的植物。我从小就向往生活在被植物环绕的空间中，如今终于过上了这种生活。

01

03

04

02

[01] 木制地板和墙壁用木头或布遮挡，营造出一片超脱俗世的空间。[02] 使用旧材料重新制作的工作台。如果与装饰架的高度不匹配，可以使用箱子或木板进行调整。 [03] 享受阳台园艺。RIKA说："我会特意清理落叶和土壤，以免给邻居添麻烦。"[04] 营造空间感时注意高度差。

第一部分　享受生活中的绿色

05

[05] 以植物和杂物组合装饰的电视柜。"为了拥有更佳的视觉效果，比起组合颜色或形状相似的物件，我更喜欢用不同印象的东西来组合。"[06] 手工编织的悬挂绳。如果打算DIY，那么可以选择喜欢的材料与设计。[07] 在没有阳光直射的房间里，可以安排一些假植物。[08] 木箱上种植的虎尾兰和海芋。下方安装脚轮，可轻松移动。[09] 非洲纹样的花盆中种着一棵咖啡树。只需要配合天气将它移到阳台上，植物就能快速恢复健康。[10] 各种材料制成的花盆和容器很有趣。

06

07

08

09

10

第一部分　享受生活中的绿色

HANA

家住日本埼玉县的家庭主妇，憧憬
充满绿色、被绿色治愈的每一天。
喜欢与植物共存的生活，偶尔将庭
院中的植物移到餐桌上，也喜欢制
作花环与花束。

⭕ @h.m.m.150406

HANA 的客厅中，光与影在蕾丝窗帘上勾勒出美丽的形状。精
心装饰的植物让客厅变成一个让人身心愉悦的空间。

——用植物装饰空间时，平衡感是一大关键。高度差能够使景
观不至于单调，还可以用旧物件、海报、工具等组合，有意识地改
变整个空间的氛围。将鲜花或植物摆在桌上时，可以将它们放进有
特色的容器里，或者通过挑选同种类的植物来达到平衡。还可以从
庭院中摘一些橄榄、桉树枝、迷迭香或者常春藤来装饰。和谐也很
重要。

室内的整体氛围与平衡
极为重要

01

02

[01]光线充足的客厅中，植物茁壮生长。窗边的植物主题海报和锡桶等植物周边的杂物也别有意趣。[02] 手工制作的含羞草花环为生活增添季节感。

03

[03] 正在寻找园艺相关工具？去古道屋看看！锡桶、藤编篮子等，若用作植物的装饰，能够为绿色生活增添一抹不同的风景。 [04] 在香蕉蛋糕旁边放上一枝橄榄枝。 [05]HANA 推荐的植物品种是丝苇和百万心。两者都耐旱，可以悬挂种植。图上为浇水后的状态。 [06] 漂亮的藤编盆罩。

04

05

06

第一部分　享受生活中的绿色

第二部分
64 种想马上入手的观叶植物

世界上有许多观叶植物。

哪一种最适合我的生活？

植物商店AYANAS的老板境野先生，为有这方面疑

问的人们严选64种植物。

从大街小巷随处可见的品种到不可或缺的经典品

种，应有尽有，接下来逐一介绍。

植物图鉴的阅读方法

1 （ 学名 ）

2 （ 科/属 ）

3 （ 别名 ） 如果有俗名或者俚称，也将记录。

4 （ 名称 ） 记录的是最常见的名字。

5 （ 耐寒性 ） 🌿🌿 　 🌿🌿🌿 　 🌿🌿🌿

用图标来表示，黑色的叶片越多，代表这种植物耐寒性越强。

6 （ 尺寸 ） Ⓢ Ⓜ Ⓛ

该页所记载的植物的植株大小。"S"指小型植物，"M"指恰好用双手可以捧起的大小，"L"指适合放置在地板上的尺寸。有的植物在照片中看起来不大，但是会长到很大，因此采用了这种简单明了的分类。

7 （ 如何浇水 ） **A B C D**
P184　P185　P186　P187

介绍了该种植物如何浇水。图标下方对应的那页有关于浇水方法的具体说明。

8 （ 放置处 ） ☀ 　 ⌂ 　 ▦
室外　向阳的　半阴的
　　　室内　室内

图标表明该种植物适合放置在何种场所。"室外"指适合放置在庭院或者阳台，"向阳的室内"指适合放置在南向的窗边等阳光直射的地方，"半阴的室内"指一天中有几个小时能够被阳光照射，光线条件大概足以阅读报纸的阴凉处。

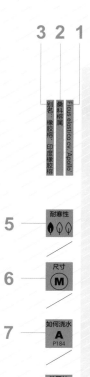

3 2 1 4

3 别名：橡胶榕；印度橡胶榕

2 桑科榕属

1 Ficus elastica cv. Apollo

橡皮树 "阿波罗"[①]

橡皮树（榕类）的一种。其特征是那褶皱内收的叶片。喜欢日照充足、通风良好的地方。但光照条件过好的时候，卷曲的叶子不能舒展开，因此请放在半阴的地方。光照不太充足的时候，为了能接受更多阳光，它的叶片会展开。推荐放在离东向或者西南向的窗边稍远的位置。

种植要点

- 橡皮树类的植物都很容易种植。
- 受冷或者光照不足时，叶子可能会凋落。
- 种植过程中注意冬季室温较低的问题。

5 耐寒性 ◆ ❧ ♠

6 尺寸 Ⓜ

7 如何浇水 A P184

8 放置处 向阳的室内 半阴的室内

---

① 暂无正式译名。——译者注

取悦自己的无限种可能：元气绿植

Agave potatorum
'Kisshou-kan-nishiki'
龙舌兰科龙舌兰属
别名：吉祥天

吉祥冠锦

　　龙舌兰原产于墨西哥及美洲大陆中部的炎热干燥地区。吉祥冠锦是其中最受人们喜爱的品种之一。日本早年便引进推广，如今是园艺植物中不可或缺的品类。吉祥冠锦生长缓慢，因此特别适合想要将多盆小型盆栽摆放在一起的人种植。

种植要点

- 吉祥冠锦是一种多肉植物，因此采光对于它来说极为重要。适合放置在阳台等室外场所。
- 避免浇水过多。容器中水分过剩会导致根系腐败，一定要注意。

耐寒性

尺寸

如何浇水

A

P184

放置处

室外

GREEN
LIFE

照片中的植株大小适合摆在桌上，但能够长到
直径 1 米左右。

別名：崖姜蕨
水龙骨科槲蕨属
Drynaria coronans

崖姜

　　一种拥有海绵状蓬松根部的蕨类植物。根系露出土壤表面，匍匐蔓延开来，栽种在盆里时，就像用力抓住花盆的边缘一样。同其他蕨类植物一样，具有较好的耐旱性，不过保持充足的水分有利于其生长。原产于高温多雨的东南亚地区。

种植要点

- 往叶片上喷水以增加湿度。
- 种植在室内时容易因为闷热受损，请保持良好通风。

耐寒性

尺寸
M

如何浇水
A
P184

放置处
向阳的
室内

半阴的
室内

BOTANICAL

取悦自己的无限种可能：元气绿植

像是切割而成，飘扬的细长叶片是这种植物的特征。

松叶武竹

与蔬菜芦笋同属天门冬科，但是不可食用。制作插花时会用到的蓬松叶片是松叶武竹的特征之一。在寒冷地区以外，只要没有霜冻和北风，就可以在户外越冬。种植在阳台上也能够成为一道有标志性的风景线。此外，偶尔能见到用"露根法"做造型的植株。

种植要点

- 光照不足时会出现"徒长"（茎叶变细，不断伸长）的现象，因此请放在阳光充足处。
- 生长得很快，因此请经常换盆、分株以及修剪。

耐寒性

尺寸

如何浇水

A

P184

放置处

室外

取悦自己的无限种可能：元气绿植

蓬松的叶片是这种植物的特征。如果任其生长，
甚至能够长到 2 米高。

眼镜蛇巢蕨

　　以肥厚而坚硬，具有复杂褶皱的叶子给人以深刻的印象。外观极具震撼感，因此不妨摆放在玄关、客厅、店铺等吸引人目光的地方。与办公室或者公共场所常见的室内植物大鳞巢蕨是同类植物。眼镜蛇巢蕨具有良好的耐阴性，因此也可以放置在半阴的室内。

种植要点

- 在光线较暗的地方也能茁壮成长，是比较容易栽种的品种。
- 在紫外线强烈的季节，容易被直射的阳光灼伤叶片，请留心。

耐寒性

尺寸

如何浇水

A

P184

放置处

向阳的
室内

半阴的
室内

这是一种原产于热带的蕨类植物。
找一盆有个性的吧！

Aloe suprafoliata
阿福花科芦荟属
俗名：叠叶芦荟

开卷芦荟

扇形芦荟的代表品种，叶片会随着阳光的变化而旋转，因此，请将它们放置在阳光充足处，且使叶片均匀排布。这种芦荟的主茎能够像树干一样直立，随着植株渐渐长高，扇状叶片会在主茎上端展开，其独特的外观散发着魅力。原产于南非的山地。

种植要点

• 虽然属于小型芦荟，但是长成后直径大概有 30 厘米。
• 喜光、耐寒，只要不是寒冷地带，就可以放在阳台上越冬。

耐寒性

尺寸

如何浇水
A
P184

放置处

室外

向阳的
室内

取悦自己的无限种可能：元气绿植

如未知生物一般极具冲击力的外观。

超级芦荟"弗拉明戈"

　　顾名思义，这种芦荟外表呈现火烈鸟一般的橙粉色。叶片边缘全年呈粉偏棕色，遇冷时全株变红。

种植要点

- 喜光，因此请放置在阳台等室外阳光直射的地方或者采光良好的窗边。
- 天气暖和的时候呈深绿色。

耐寒性

尺寸

（S）

如何浇水

A
P184

放置处

室外

向阳的
室内

OUTDOORS

叶片变红的植株。中央向上延伸的是它的花苞，会开出娇艳的花朵。

细叶芦荟

　　这种小型芦荟的最大特征是像木棍一样的细长叶片，叶片虽看上去很细，但是出人意料地结实。因为它的叶片会从剪开的地方分枝，所以可以通过多次修剪来做出理想的造型。原产于马达加斯加。

种植要点

- 芦荟也是多肉植物的一种，喜阳光。
- 耐寒，只要不是寒冷地带，就可以放在阳台上越冬。

耐寒性

尺寸

S

如何浇水

A
P184

放置处

室外

向阳的
室内

取悦自己的无限种可能：元气绿植

恶魔花烛

花烛属植物因泛红而闪亮的心形叶子而闻名，其中恶魔花烛是原始物种（未经品种改良）。大而疏的叶子上，沿着叶脉有很深的褶皱，彰显着它作为"观叶"植物的特点。花烛属植物的花像是凸起一样，被称作"佛炎苞"。它绝对是能够让你感受到观叶植物魅力的品种。

种植要点

- 原产于热带美洲和印度群岛，冬天容易冻伤，需要注意。
- 叶片容易被阳光灼伤，夏天时注意不要被阳光直射。

耐寒性

尺寸

如何浇水
A
P184

放置处

向阳的
室内

半阴的
室内

矮棕竹

　　棕竹自日本江户时代便流行起来。这里要介绍的是叶片细长，给人以清爽印象的品种。原产于中国云南省。自日本昭和时代，在古典的和风旅馆、公共设施等就多有种植。种在现代风格的花盆里，也能让人耳目一新。它喜阴凉，因此请放置在日照不那么充分的地方。

种植要点

- 耐寒性强，在接近 0 摄氏度的温度下也能够越冬。
- 喜阴凉，但是不耐旱，因此在土壤干燥的时候请记得浇水。

耐寒性

尺寸

如何浇水

A

P184

放置处

向阳的
室内

一大特征是气势十足的细长叶子。种在具有现代感的花盆里能够给人洋气的印象。

圆叶刺轴榈

别名：扇叶轴榈、圆叶轴榈

棕榈科轴榈属

Licuala grandis

这种轴榈的叶片像展开的扇子，能够给室内增添亚洲热带度假地风情。将它放置在阳光充足的地方，叶片上的褶皱便会凸起，外观赏心悦目。喜阴凉，因此适合放置在明亮的阴凉处。虽然在日本还没有广泛流行，但在欧美国家很受欢迎。

种植要点

- 在原生地通常长在其他植物的阴影里，因此请避免强烈的阳光直射。
- 不耐寒，冬季要特别留心。

耐寒性

尺寸

M

如何浇水

A

P184

放置处

向阳的
室内

半阴的
室内

取悦自己的无限种可能：元气绿植

长茎芒毛苣苔

Aeschynanthus longicaulis
苦苣苔科芒毛苣苔属

芒毛苣苔是热带植物的代表之一，其中长茎芒毛苣苔更是异国情调满溢的独特品种。叶片上扩散的纹样尤其令人印象深刻。颜色的差异也是长茎芒毛苣苔的特征，正面呈绿色，背面偏紫。摆放的位置和观看的角度不同，它给人的印象也会发生变化，极富变化的"表情"正是这种植物的特色，此外，这种植物生命力顽强，是一种适合新手种植的植物。

种植要点

- 喜阴凉，可以放置在半阴的室内种植。不过，如果长时间放置在背阴处，它会变得枝叶稀疏，因此最好还是放在阳光充足的地方。
- 也可以在通风良好的地方悬挂种植。

耐寒性

尺寸
Ⓜ

如何浇水
A
P184

放置处

向阳的
室内

半阴的
室内

Aulax cancellata 'Bronze Haze'
山龙眼科丝羽木属

烛状丝羽木

原产于南非的常绿灌木，特点是叶片细长。春夏季开放羽毛状的花朵。遇寒时叶片顶端变成红棕色，富有观赏价值。修剪的枝条还可以直接用来制作干花。非寒冷地区可以直接种在室外庭院作为庭院植物。

种植要点

- 能忍受最低 0 摄氏度的环境，因此推荐在冬季移栽到温暖的地方。
- 可以作为庭院植物或者阳台植物。

耐寒性

尺寸

M

如何浇水

A

P184

放置处

室外

OUTDOORS

盖果漆

Operculicarya decaryi
漆树科盖果漆属
别名：列加氏漆树

一种流行的块根植物。树干呈灰色，叶片小而繁密。埋在地下的根系强壮而有活力，因此在用作盆栽时多采用露根法（见第 16 页）。作为盆栽种植时，枝干很少变壮。原产于马达加斯加，在原生地能够长成树干粗壮、高达数米的大树。在日本，它还没有流行起来，是一种稀有的植物。

种植要点

- 夏季是生长期，需要注意水分流失。
- 冬季叶片凋落，进入休眠期。即便干燥一些，也不会影响存活。

耐寒性

尺寸

如何浇水

P184

放置处

室外

向阳的室内

绿冰元宝掌①

元宝掌属是芦荟属和鲨鱼掌属杂交而来的植物，其中，绿冰元宝掌拥有青绿相间的叶片。叶片顶端叶肉厚实，呈放射状层叠。冷色调是这种植物的特征，据说也是因此得名"绿冰"。这是一种会从根部频繁冒出新子株，以"分株"的方式繁殖的品种。

种植要点

- 这种多肉植物非常顽强而且容易种植。
- 浇水过多会导致根系腐烂，请在土壤完全干燥后再浇水。

耐寒性

尺寸

M

如何浇水

A

P184

放置处

室外

向阳的
室内

① 暂无中文通用译名。——译者注

三角形的叶片惹人喜爱，同时拥有芦荟属和鲨鱼掌属植物的特征。

青苹果竹芋

　　大而柔软的叶片是这种植物的魅力所在。泛白的叶片上，绿色随着叶脉抹开，是一种拥有美丽叶片，不负观叶之名的植物。原产于南美洲茂密的雨林中，不耐阳光直射，喜阴凉，因此放在稍微远离窗户的室内即可。

种植要点

- 喜潮湿，可以在叶片上洒水，为它配备一台加湿器。
- 根系容易腐烂，因此要选择排水性良好的土壤。

耐寒性

尺寸
(M)

如何浇水
A
P184

放置处

向阳的
室内

半阴的
室内

大型叶片让人想起热带雨林，也非常适合放在室内。
可以与杂物组合装饰。

Ficus microcarpa
桑科榕属
别名：细叶榕

榕树

　　从恰好一手握住的尺寸，到可以长到天花板这么高的大株，榕树的尺寸各不相同。装饰方法也不一，从常见标准的"露根法"到干曲枝虬的"悬崖桩"（树枝从花盆边缘垂下的形状），多种多样。根据你房间的氛围找一株比较搭配的榕树吧。榕树拥有优秀的环境适应能力，根据日照情况不同，会长成完全不同的模样。种植在阳光充足处会长出肥厚而茂密的叶子，在阴凉处，叶子相对薄而柔软，会以婉约的姿态舒展开。

种植要点

- 是比较容易种植的植物。
- 冬季请不要将它放在窗边等气温较低的地方。

耐寒性

尺寸

如何浇水

P184

放置处

向阳的室内

半阴的室内

取悦自己的无限种可能：元气绿植

金琥

Echinocactus grusonii

仙人掌科金琥属

别名：象牙球

　　提起仙人掌，多数人更容易想到纵向生长的"柱状仙人掌"。这里要介绍的是球状仙人掌"仙人球"中的代表品种金琥。根据刺的长度、粗细以及颜色，仙人球分为许许多多不同的品种。其中金琥的特征是刺的根部像是戴了帽子一样（根部白色的部分），十分惹人怜爱。此外，子株扩散快是它的另一大特征。

种植要点

- 仙人掌类植物都具有很强的耐旱能力，冬季时注意不要浇太多水，以免根系腐败。

耐寒性

尺寸

如何浇水

A

P184

放置处

室外

向阳的
室内

FULLSUN

天狗之舞

这是古时候的人们认为能够招来富贵与福气的翡翠木[1]的近亲。天狗之舞的特色在于其有褶皱的波纹状叶子。在成熟后主干会变得像木头一样坚硬，同时分枝。既有盆栽的意趣，又有园艺的特色。遇寒时叶片变红，是一种富有观赏价值的多肉植物。如果说翡翠木能够招来财富，那么天狗之舞就是大自然赠予我们的礼物。

种植要点

- 放置在日光充足、通风良好的地方，如果放在室内，最好放在朝南的窗边。
- 是一种生命力顽强、容易栽种的植物，适合新手种植。

耐寒性

尺寸

如何浇水
A
P188

放置处

室外

向阳的
室内

---

① 翡翠木，日语俗名"金のなる木"，意为能变成钱的树。——译者注

INTERIOR

朱蕉

别名：红叶铁树

天门冬科朱蕉属

Cordyline fruticosa 'New Guinea Fan'

朱蕉是一种在日本很少流通的稀有植物，特别适合想要寻找一株与众不同的室内植物的人。泛紫的叶子左右交错，舒展开来，呈一个扇形。在老叶片落下时，枝干会向上伸展。广泛分布于大洋洲各处，如新几内亚岛、澳大利亚，以及东南亚。

种植要点

- 光照不足时，叶片的颜色会变得糟糕，因此请放在明亮的室内。
- 为预防叶螨，要给叶片洒水。

耐寒性

🍃🍃🍃

尺寸

Ⓛ

如何浇水

A

P184

放置处

向阳的
室内

半阴的
室内

银蓝柯克虎尾兰

近年来因为种植体系的完善，这种植物越来越多地出现在我们的生活中。质地硬而外形飘逸的波浪状叶子是它的特征。与虎尾兰属的其他植物一样，不仅耐旱性强，也拥有较好的耐阴性，因此可以种植在日照不足的地方。叶片边缘呈红色，惹人喜爱。

种植要点

- 注意，冬季浇水过多会导致根系腐烂。如果在日本东京栽种，11月至次年 3 月不要浇水。
- 耐阴凉，可以栽种在日照不足的地方。

耐寒性

尺寸

如何浇水

A
P184

放置处

向阳的
室内

半阴的
室内

小虎尾兰

Sansevieria parva
天门冬科虎尾兰属

极耐旱，可以说是一种十分适合新手种植的虎尾兰。虎尾兰有许多品种和形状，其中小虎尾兰以棒状的细长叶子为特征。向外伸展的匍匐茎的底端附着许多子株，能够塑造成伸出盆外的造型，富有意趣。既可以在一个盆里让子株群生，也可以分株种植到其他盆中，能让人感受到旺盛的生命力。

种植要点

- 极耐旱。
- 注意，冬季浇水过多会导致根系腐烂，如果在日本东京栽种，11月至次年3月不要浇水。
- 耐阴凉，可以栽种在日照不足的地方。

耐寒性

尺寸

如何浇水

A
P184

放置处

向阳的
室内

半阴的
室内

香蕉爱氏虎尾兰

　　原产于非洲的小型品种，形似香蕉的叶片小而肥大，向外摊开。香蕉爱氏虎尾兰的叶片生长很慢，一片叶子长到成熟需要一年以上的时间。虽然这种植物耐寒性还不错，但是将它放置在阳光能够完全照射到的地方才能保证叶片均匀生长。如果光照不均匀，叶子生长也会产生差异，使它丧失特色。

种植要点

- 注意，冬季浇水过多会导致根系腐烂。如果在日本东京栽种，11 月至次年 3 月不要浇水。
- 耐阴凉，可以栽种在日照不足的地方。

耐寒性

尺寸
S

如何浇水
A
P184

放置处

向阳的
室内

半阴的
室内

小叶银斑葛

别名：星点藤

天南星科藤芋属

Scindapsus pictus CV. Argyraeus

　　同常见的观赏植物绿萝和海芋一样，它也是天南星科的一员。心形的叶子如天鹅绒一般柔软，泛着淡淡的光泽，表面有银色斑点。清新可爱的外形是这种植物的魅力所在。可以放在阴凉处打理，因此建议种植在难以确保光照的房间或者玄关处，也可以放一小株在厨房或者书桌上。小叶银斑葛生命力旺盛，植株会探出花盆，特别适合装饰自然风或者北欧风的房间。

种植要点

- 夏季的强烈阳光会灼伤叶片，注意放置在阴凉的地方。
- 可以用吊篮悬挂种植。
- 不耐寒，冬天要注意摆放的位置。

耐寒性

尺寸

如何浇水

A

P184

放置处

向阳的
室内

半阴的
室内

密脉鹅掌柴

　　鹅掌柴是一种生命力顽强，容易种植的植物，温暖地区的人们经常将它作为庭院树木栽种。其中较受欢迎的品种香港斑叶鹅掌藤常见于公共设施、办公室、店铺、家庭等各种场合，特征是椭圆形叶片，而密脉鹅掌柴的叶片更圆润可爱。当叶片长大时，反射的阳光会使整个房间都变得明亮。

PARTIAL SHADE

种植要点

- 与香港斑叶鹅掌藤一样，既耐寒又耐热，容易种植。
- 叶片容易积灰，请时常擦拭，或者在叶片上浇水。

耐寒性

尺寸

Ｌ

如何浇水

A

P184

放置处

向阳的
室内

半阴的
室内

取悦自己的无限种可能：元气绿植

霓虹合果芋

Syngonium podophyllium 'Neon Robusta'
天南星科合果芋属

　　合果芋原产于墨西哥、哥斯达黎加等中南美洲地区，其中有许多适合园艺种植的品种，作为异色植物（拥有红、紫、银等鲜艳颜色叶片的植物），具有观赏价值。本页介绍的是拥有淡粉色叶片，让人印象深刻的霓虹合果芋。与花儿不同，叶片如果是粉色，则更具神秘感，而且会给人以沉稳的感觉，这是这种植物的魅力所在。

种植要点

- 属于藤蔓类植物，可以悬挂种植。
- 强烈的阳光会灼伤叶片，夏季时注意放置的地方。

耐寒性

尺寸

如何浇水

A
P184

放置处

向阳的室内

半阴的室内

棒叶指甲兰

　　一种在原生环境中附生于树木的兰花。叶片的粗细、长度与筷子相似，白色的粗壮根系下垂，即便非花期，也有不错的观赏价值。既可以悬挂在墙上，也可以用吊篮悬挂在天花板上，成为房间的亮点之一。白色的花朵中偶尔混杂紫色，开花时惹人怜爱。

种植要点

- 每三四天浇一次水，用带喷头的花洒整株浇满水。
- 冬季根据情况避开气温较低的地方。

耐寒性

尺寸

如何浇水
N/A

放置处

向阳的室内

半阴的室内

GREEN LIFE

棒叶指甲兰不只是根系向下延伸，叶片也会，
这是它的特征。在原生地，这种植物依靠粗壮
的根系附生在石头或者树木上。

sophora microphylla
豆科苦参属
别名：小叶科槐、南岛科槐

小叶槐

　　豆科植物的一种，锯齿状的树枝上排布着茂密细小的树叶。在商店中常见的小叶槐大都是华丽的树苗，但种在土地上能够长成大约两米高、枝干粗壮的大树，是一种看上去纤巧实则强韧的植物。修剪后会分枝，变成更复杂而有趣的造型。与它相近的还有"童话树"（学名 Sophora prostrata 'Little Baby'），但二者实则是不同的植物。

种植要点

- 种植在阳光直射的室外。
- 夏季耐热，冬季耐寒，但请注意霜降或者寒流的影响。

耐寒性

尺寸

如何浇水

P184

放置处

室外

取悦自己的无限种可能：元气绿植

金光竹节椰

別名：玲珑椰子

棕榈科竹节椰属

Chamaedorea metallica

　　原产于墨西哥的小型椰树，在伸展的树枝末端，大大的叶片舒展开来，叶片形似箭羽，泛着独特的金属光泽。叶片的形状、色彩等都独具个性，若挑选一个合适的花盆栽种，就能够成为房间中抢眼的风景。这种植物生长缓慢，长成后树形紧凑，50~70 厘米高。适合种在各种地方。

种植要点

- 耐阴凉，可以种在明亮的半阴处。
- 耐寒，比较容易种植。

耐寒性

尺寸

M

如何浇水

A

P184

放置处

向阳的
室内

半阴的
室内

Cibotium barometz
金毛狗科金毛狗属
别名：金毛狗脊、金毛狗蕨

金毛狗

　　一种有个性的蕨类植物，根茎被动物般的茶色"皮毛"覆盖，触摸起来蓬松柔软。拥有典型的蕨类植物的卷曲茎，叶片向外铺开。在中国，人们认为它能够招来幸运[①]。蕨类植物往往给人以喜阴的印象，但是金毛狗需要阳光。如果不能接触足够的阳光，叶片会为了寻找光照而变得凌乱。

种植要点

- 上午请将它放置在阳光直射的地方。
- 因为是蕨类植物，所以请在土壤完全干燥之前浇水。

耐寒性

尺寸

如何浇水

A

P184

放置处

向阳的
室内

半阴的
室内

————————————

① 金毛狗在我国属于国家二级保护植物，不允许私人买卖种植。——译者注

取悦自己的无限种可能：元气绿植

根茎蓬松柔软，极具蕨类特色的绿叶正茂密生长。

百万心

眼树莲属植物的特色是向外延伸的藤蔓，有数个品种。百万心，顾名思义，最大的特征是心形的叶片厚而茂密。因为水分容易蒸发，请放在通风良好的环境中。眼树莲属植物都不耐日光直射，却又较喜光，因此，将其放置在朝东的窗边能够促进生长。

种植要点

- 种植在室内时，通风不佳可能导致水分蒸发而受损，请注意。
- 夏天避开阳光直射，放置在半阴的地方。
- 根系的主要作用是附生在木头上，要加湿的话，把水浇到叶片上比浇到根部更合适。

耐寒性

尺寸

如何浇水

P184

放置处

向阳的
室内

取悦自己的无限种可能：元气绿植

斑点圆叶眼树莲

Dischidia nummularia 'variegata'
夹竹桃科眼树莲属

圆叶眼树莲如围棋棋子一般的圆形叶片满溢而出，彰显着眼树莲属植物的旺盛生命力。原产于东南亚的热带地区，是一种生长在树木上的附生植物。可以活用这个特性，将它种植在沉木等附生板上。与其他眼树莲属植物一样，需要种植在通风良好的地方。

种植要点

- 种植在室内时，通风不佳可能导致水分蒸发，继而受损，请注意。
- 夏天避开阳光直射，放置在半阴的地方。
- 根系的主要作用是附生在木头上，加湿的话，把水浇到叶片上比浇到根部更合适。

耐寒性

尺寸
M

如何浇水
A
P184

放置处

向阳的
室内

台湾眼树莲

眼树莲属植物中比较容易种植的品种。台湾眼树莲既可以种植在向阳处，也可以种植在背阴处，但请不要忘记确保通风良好。台湾眼树莲的圆形叶片有一个小凹槽，看起来像是心形。春季会开出像铃兰一样白色的可爱花朵。与其他眼树莲属植物一样，喜欢明亮、通风良好的环境。

耐寒性

尺寸

M

如何浇水

A

P184

放置处

向阳的
室内

种植要点

- 种植在室内时，通风不佳可能导致水分蒸发，继而受损，请注意。
- 夏天避开阳光直射，放置在半阴的地方。

GREEN LIFE

台湾眼树莲给人以清爽而可爱的印象，十分适合悬挂种植。

凤梨科铁兰属 *Tillandsia capitata 'Mauve'*

卡比塔塔凤梨

　　一种铁兰属植物（气生植物），表皮呈泛红的淡灰色。照片中展示的是相对较小的卡比塔塔凤梨，子株会扩散群生，长成巨大的一簇。市面上有许多品种的铁兰属植物，可以多买一些组合装饰。因为是气生植物，不需要花盆（土壤），所以可以以各种方式来装饰室内（见第 46 页）。

种植要点

- 用喷壶等浇水，浇水后请放置在通风良好的地方，以防水分蒸发。

耐寒性

尺寸

如何浇水

C

P186

放置处

向阳的室内

鸡毛掸子铁兰

毛被铁兰通体覆盖着被称作"毛状体"的绒毛。铁兰属植物可以大体区分为毛状体茂密的"银叶种"和毛状体稀疏的"绿叶种"[表面质地光滑，如珠芽铁兰（Tillandsia bulbosa）、虎斑铁兰（Tillandsia butzii）等]。毛状体具有折射强烈阳光并吸收空气中水分的作用，因此，鸡毛掸子铁兰这类银叶种相较而言更耐旱，容易种植。

种植要点

• 用洒水壶小心浇水。为防止水分蒸发，浇水后应放置在通风良好的地方。

耐寒性

尺寸

如何浇水

C

P186

放置处

向阳的
室内

Dracaena sp.
天门冬科龙血树属

幸福树①

龙血树属植物中，以幸福树最为出名。如果这个名字不能唤醒你对它的印象，那么试着搜索一下你的记忆，你是否有见过一种树干笔直，顶部长着一丛竹叶状叶子的树木呢？幸福树是龙血树中流通比较少的稀有品种。与同属龙血树属的红边竹蕉形似，是一种时尚的品种。

种植要点

- 人们种植龙血树由来已久，这是一种推荐新手种植的植物。
- 不耐日光直射，请注意放置地点。

耐寒性

尺寸

如何浇水

P184

放置处

向阳的
室内

半阴的
室内

---

① 俗名叫幸福树。——译者注

香龙血树

PARTIAL SHADE

在我的印象中，以前的咖啡馆中都会放置一棵香龙血树。挑一个合适的花盆和盆罩，就可以用它来装饰内室。当香龙血树映入眼帘，那长而宽大、带斑纹的叶片会给人留下深刻印象。可以将它放在客厅、玄关，或是在店铺中作为标志性植物。耐阴，因此在许多地方都能看到它的身影。

种植要点

• 人们种植龙血树由来已久，这是一种推荐新手种植的植物。

耐寒性

尺寸

如何浇水

P184

放置处

向阳的室内

半阴的室内

Dracaena hookeriana[①]

龙血树属中的一种，与在日本随处可见的幸福树相似。与幸福树相比，Dracaena hookeriana 的特征之一是叶片更硬且厚，呈嫩绿色。它给人一种沉稳的印象，用作室内装饰植物时较为百搭。耐阴，可以放置在阳光不易照射到的地方。

种植要点

• 人们种植龙血树的历史由来已久，这是一种推荐新手种植的植物。

耐寒性

尺寸
M

如何浇水
A
P184

放置处

向阳的
室内

半阴的
室内

---

① 暂无正式中文译名。——译者注

在挺拔的树干上，厚厚的叶子呈放射状伸展。

彩叶凤梨

　　彩叶凤梨莲座形的叶片看上去很像花朵，是一种自古以来就极受欢迎的观叶植物。这种植物颜色、形状、大小各不相同，其中不乏昂贵的稀有品种。因此，有的人收集它们并不只是出于种植和装饰的需要。其叶片中心处有一个能够从叶片中吸收并储存水分，被称作"凤梨水箱"的结构。

种植要点

- 为了让它贮存水分，请向叶片中心处浇水。
- 与铁兰（气生植物）同属凤梨科。

耐寒性

尺寸

M

如何浇水

B

P185

放置处

向阳的
室内

让人印象深刻的是它鲜艳的粉红色。即便是
小型植株也极具存在感。

象牙宫

象牙宫膨大的根部上，可爱的细小树枝探出身影。这是一种常见的块根植物。满布棘刺的树皮，让人很难想象出它居然能够开出漂亮的黄色花朵。原产于马达加斯加，在干燥酷热的环境中，象牙宫进化出了如我们现在所见的样子。冬季叶片会凋落，进入休眠期。

种植要点

- 根系容易腐烂，建议在土壤干燥后再浇水。休眠期无须浇水。
- 这是一种进口植物，部分在出售时还没有根，请在购买前向店家确认。

耐寒性

尺寸

如何浇水
A
P184

放置处
室外
向阳的
室内

Pachypodium rosulatum var.
gracilius
夹竹桃科棒锤树属

CODEX

取悦自己的无限种可能：元气绿植

只要见过一次就绝对不会忘记的个性植物。说起块根植物，应该有许多人想到它。

惠比须笑

　　一种因为其日式的名字而广为人知的块根植物。惠比须笑是棒锤树的一种，因此有着棒锤树的共有特征，即树浆像要满溢而出一样，将树干挤得横向膨胀开来。叶片呈点状，从瓶子状的树干中生长出来，开出黄色的可爱花朵。即便是在原生地马达加斯加，惠比须笑也生长在海拔较高的地区，因此比起其他的棒锤树类植物，它的耐热性没那么强。冬季叶片凋落，进入休眠期。

种植要点

- 根系容易腐烂，建议在土壤干燥后再浇水。休眠期无须浇水。
- 生长极其缓慢。

耐寒性

尺寸

S

如何浇水

A

P184

放置处

室外

向阳的
室内

照片中的植株大概一只手大小，据说在自然生长的地方能
够长到 1 米左右。

马达加斯加圆盾鹿角蕨

马达加斯加圆盾鹿角蕨是孢子叶（向上伸展的叶片）中心部有一个深深凹陷的鹿角蕨类植物中的一种。圆形的贮水叶（根系旁边的叶片）叶脉纹路优美，形状大气。两种叶片各具特色，莫名让人疑心是两种不同的植物。市面上也有种植在附生板上的鹿角蕨出售（见第43页、第68页）。

种植要点

• 喜阳光，需通风，因此可以悬挂种植。
• 鹿角蕨的浇水方法参见第187页。

耐寒性

尺寸

如何浇水
D
P187

放置处

向阳的
室内

Platycerium

宽大的贮水叶像是要把红土花盆吞下一样覆盖其上。

爪哇鹿角蕨

　　这种鹿角蕨的贮水叶笔直竖立，而孢子叶耷拉下垂，形成鲜明的对比。用于室内装饰时，最好能够挂在墙上，或者从天花板上吊下来，种植者最希望让人观赏的便是它下垂的长长孢子叶，不是吗？即便只有一株，它也能成为房间的焦点。即便是小株的植物，也会缓慢地变大。原生地是赤道附近的爪哇岛周边。

种植要点

• 鹿角蕨的浇水方法参见第 187 页。

耐寒性

尺寸
M

如何浇水
D
P187

放置处

向阳的
室内

with Board

取悦自己的无限种可能：元气绿植

它的形状多多少少让人联想到会飞的东西，难怪被人们称作"蝙蝠兰"。

立叶鹿角蕨

　　一种表面覆盖浓密星状毛（粉末一样的纤细多细胞毛）的鹿角蕨，给人以通体白色的印象。放置在阳光直射的地方时，植株反射阳光，看上去像纯白色。在叶片充满生气和野性的鹿角蕨中，立叶鹿角蕨有着独一份的优雅，仿佛一位高贵的女性。不只是与混凝土墙等有阳刚之气的室内装饰，与墙壁雪白的普通房间也适配。

种植要点

• 鹿角蕨的浇水方法参见第 187 页。

耐寒性

尺寸

如何浇水

D
P187

放置处

向阳的
室内

Hanging

提起蓬松的白色蝙蝠兰，那便是立叶鹿角蕨了。
贮水叶的颜色也很柔和。

马来鹿角蕨

　　鹿角蕨的一种，特征是贮水叶沿着叶脉泛起褶皱。在原生地贮水叶会长成球形，附生在大树的树枝上。孢子叶细长分叉，延伸铺展开来。之所以叫作"鹿角蕨"，是因为这种蕨类植物外形酷似鹿角，其中马来鹿角蕨更是名副其实。照料得够好的话，还会长出勺子样的孢子囊。这种如同从宫崎骏的电影《风之谷》中走出的植物能让你感受到美好。

种植要点

- 鹿角蕨的浇水方法参见第 187 页。

耐寒性

尺寸

M

如何浇水

D
P187

放置处

向阳的
室内

漂亮的孢子叶有着如同雄鹿角一样的视觉冲击力。

Hydnophytum papuanum[①]

原产于热带地区，附生于树木上的一种蚁栖植物。日本把这种植物叫作蚁巢玉，是因为块茎中会有蚂蚁筑巢，为它提供养分，二者是共生的关系。在日本市面上售卖的 Hydnophytum papuanum 中没有蚂蚁，可以安心种植。通常作为盆栽售卖，但它本就是一种附生植物，因此可以种植在附生板或者苔藓球上，以壁挂的方式种植。

种植要点

• 冬季进入休眠期，应当减少浇水的频率并移到温暖的地方。

耐寒性

尺寸

如何浇水
A
P184

放置处

向阳的室内

① 蚁寨属与蚁巢玉是两种不同的植物，图片和学名应该是蚁寨属，蚁巢玉是另一种植物，疑为日本民间流传有误，另 Hydnophytum papuanum 暂无正式中文译名。——译者注

注意它浑圆的块根部！在原生地，这个部分会有蚂蚁筑巢共生。

橡皮树（榕类）的一种。其特征是那褶皱内收的叶片。喜欢日照充足、通风良好的地方。但光照条件过好的时候，卷曲的叶子不能舒展开，因此请放在半阴的地方。光照不太充足的时候，为了能接受更多阳光，它的叶片会展开。推荐放在离东向或者西南向的窗边稍远的位置。

种植要点

- 橡皮树类的植物都很容易种植。
- 受冷或者光照不足时，叶子可能会凋落。
- 种植过程中注意冬季室温较低的问题。

桑科榕属
Ficus elastica cv. 'Apollo'
别名：橡胶榕、印度橡胶榕

耐寒性

尺寸
Ⓜ

如何浇水
A
P184

放置处
向阳的
室内
半阴的
室内

---
① 暂无正式译名。——译者注

橡皮树"阿波罗"①

雀斑小姐橡皮树[1]

桑科榕属
Ficus elastica Gin

一种叶片上有砂子斑（细小的斑点）的橡皮树。新生叶片颜色鲜亮，渐渐变深。生长速度相对较快，当树形变得丰满时，叶片的颜色和斑点也会变化，颜色与身姿相得益彰，完全可以作为引人注目的标志树。市面上并不常见，如果有幸见到，买一盆试试吧！

种植要点

• 橡皮树类的植物都很容易种植。

• 受冷或者光照不足时，叶子可能会凋落。

• 种植过程中注意冬季室温较低的问题。

耐寒性

尺寸

如何浇水

P184

放置处

向阳的
室内

---

① 无正式译名，园艺俗称"雀斑小姐"。——译者注

三角榕

榕树植物有 800 多种，三角榕是其中的珍品，这是一种长着倒三角形叶片的橡皮树。远看平平无奇，但只要靠近观察，它的叶片形状没准儿会让你发出惊叹！适合种植在南向的窗边等采光良好的地方。

顺带一提，观叶植物中流行的榕树、垂叶榕以及拥有美味果实的无花果等都是榕属植物。

种植要点

- 橡皮树类的植物都很容易种植。
- 受冷或者光照不足时，叶子可能会凋落。
- 种植过程中注意冬季室温较低的问题。

耐寒性

尺寸

如何浇水

A

P184

放置处

向阳的
室内

大头榕

Ficus petiolaris
桑科榕属
别名：红脉榕

　　大头榕拥有与爱心榕一样的心形叶片，但叶片上长着凸起的红色叶脉，也被叫作"红脉榕"。爱心榕是一种常见的品种，但大头榕在市面上很少见，适合正在寻找一株与众不同的橡皮树的人。虽然是被子植物（通过种子来繁殖的植物），但树干膨胀成球状，因此也被划为块根植物。但是嫁接而生的子株树干不会膨胀。

种植要点

- 橡皮树类的植物都很容易种植。
- 受冷或者光照不足时，叶子可能会凋落。
- 种植过程中注意冬季室温较低的问题。

耐寒性

尺寸

S

如何浇水
A
P184

放置处

向阳的
室内

桑科榕属 Ficus benghalensis

耐寒性

尺寸
（L）

如何浇水
A
P184

放置处
向阳的
室内

孟加拉榕

　　孟加拉榕可以说是观叶植物中的熟面孔了，是一种以椭圆形的巨大叶片为特征的橡皮树。鲜艳的绿色树叶上生长着白色的叶脉。生命力旺盛，即便放着不管，它也能不断向上生长。因此，建议定期修剪（见第 200 页），让营养循环回到树干上，使它变得更强壮。修剪过的地方会分枝，进一步丰富树形。

种植要点

- 叶片面积大，容易积灰，请不时擦拭或者在浇水时用花洒清洗。
- 受冷或者光照不足时，叶子可能会凋落。
- 容易种植，许多人选择它作为第一盆盆栽。

取悦自己的无限种可能：元气绿植

这是一种流行的橡皮树，市面上有许多树形不同
的植株，挑选一盆自己喜欢的吧！

别名：绒叶蔓绿绒

天南星科喜林芋属

Philodendron andreanum

金叶喜林芋

　　蔓绿绒类植物种类很多，根据品种不同，外形大相径庭。金叶喜林芋的标志是其天鹅绒般柔软而润滑的叶片，也因此得名"绒叶蔓绿绒"。它的叶脉折射出深绿色的光芒，是一种非常优美的观叶植物。耐阴，但放置在阳光充足的地方更有利于它的生长，叶片的质感也会变得更美丽，更具观赏价值。

种植要点

- 喜水，夏季容易水分流失，需要留心，朝叶片上浇水也有不错的效果。
- 夏季不耐强烈的阳光直射，因此请留心摆放的位置。

耐寒性

尺寸

M

如何浇水

A

P184

放置处

向阳的
室内

半阴的
室内

团扇喜林芋

团扇喜林芋拥有可爱的心形叶片。鲜绿色叶片会反射出绿色的光线，显得很有立体感。肉质厚而有光泽也是它的特征之一。春夏是繁殖期，此时植株会伸展开来，并且繁殖出子株。团扇喜林芋能够营造出明快而热情的氛围。耐阴性较好，可以放在半阴（光线条件大概足够阅读报纸）的地点。这是一种新手也能够轻松种植的植物。

种植要点

- 喜水，夏季容易水分流失，需要留心，朝叶片上浇水也有不错的效果。
- 强烈的阳光直射会灼伤叶片，请留心。

耐寒性

尺寸

如何浇水

P184

放置处

向阳的室内

半阴的室内

蔓绿绒探戈 [1]

一种常见的观叶植物，叶片形状与羽叶蔓绿绒（Philodendron kookaburra）相似。不过羽叶蔓绿绒的枝干竖直向上，而"探戈"则拥有蔓性枝干。极富生命力的蔓性枝干与叶片向四面八方铺开，可以绕在桫椤柱（桫椤科植物主干制成的支柱）上构成造型。也可以用吊盆悬挂种植，它那抢眼而蓬松的外观能够给室内增添一道极具韵律感的风景线。

种植要点

- 喜水，夏季容易水分流失，需要留心，朝叶片上浇水也有不错的效果。
- 强烈的阳光直射会灼伤叶片，请留心。

耐寒性

尺寸

如何浇水
A
P184

放置处

向阳的
室内

半阴的
室内

① 国内尚无正式译名，园艺中叫探戈蔓绿绒或者蔓绿绒探戈。——译者注

粗糙马尾杉

Phlegmariurus squarrosus
石松科马尾杉属
别名：鹿角草

一种附生蕨类植物，其杉木一般细长而尖锐的叶片优雅地垂下。杉叶石松通过分枝繁殖。它拥有让人耳目一新的外形，是继鹿角蕨之后蕨类植物中又一个人气不断上升的品种。如果你想要寻找一株时髦的植物，那就选它吧！因为是蕨类植物，所以水分容易流失。选择悬挂种植的话，请挂在容易浇水或者方便在叶片上洒水的地方。

种植要点

• 放在半阴的地方（一天中只有几个小时可以晒到太阳）更容易打理。

耐寒性

尺寸

如何浇水

P184

放置处

向阳的室内

半阴的室内

橙柄蔓绿绒

　　橙柄蔓绿绒拥有箭矢形的大型叶片和橙色的主茎。外观独特，即便单独摆放也极具存在感，因此推荐给想要在客厅放上一盆标志性植物的人。与其他天南星科植物一样，耐阴，容易种植。由于不耐寒，因此冬季需要放在温暖的地方。

种植要点

- 喜水，夏季水分容易流失，需要留心，朝叶片上浇水也有不错的效果。
- 强烈的阳光直射会灼伤叶片，请留心。

耐寒性

尺寸

M

如何浇水

A

P184

放置处

向阳的
室内

半阴的
室内

BOTANICAL

取悦自己的无限种可能：元气绿植

绿色与橙色形成鲜明的对比，多么美丽的一盆橙柄蔓绿绒！即便种在一个简单的盆里，视觉效果也很棒。

红栗丽穗凤梨

　　美丽的红色叶子呈蔷薇纹样状从中间向四周放射型铺开，属于观叶植物中的一种。从上方俯视的视觉效果最好（见第 39 页），因此适合放在低矮的家具上。与第 142 页介绍的彩叶凤梨一样，它的叶片中心也有一个被称为"凤梨水箱"的贮水结构。

种植要点

- 为了让它贮存水分，请向叶片中心处浇水。
- 与铁兰（气生植物）同属凤梨科。

耐寒性

尺寸

M

如何浇水
B
P185

放置处

向阳的
室内

大花帝王花

　　一种原产于澳大利亚和南非的常绿灌木。从它身上修剪下来的枝条可以制成插花，能保存很长时间，也可以制成干花。除在寒冷地区外，都可以作为庭院植物种植。一般耐寒温度只能到零下 5 摄氏度，可以按这个标准将它种植在温暖的地方。与桉树、橄榄、含羞草等搭配起来很美观，可以一起种植。

种植要点

- 耐寒，可以放在阳台或者作为庭院植物种植。
- 头状花序上有许多小花集簇。

耐寒性

尺寸

如何浇水

P184

放置处

室外

OUTDOORS

幌伞枫

　　我们对它的名字多多少少有些陌生，但是它与同科的观叶植物鹅掌柴属（见第 124 页）关系很近。幌伞枫的根系经常用露根法（见第 16 页）做成类似盆栽榕树的造型，具有视觉冲击力的根部造型极具观赏价值。虽然看起来比较难养，但是打理起来难度适中。

种植要点

- 生长速度一般，值得一养。修剪和换盆都很有乐趣（见第 195 页）。

耐寒性

尺寸

(M)

如何浇水

A
P184

放置处

向阳的
室内

半阴的
室内

PLANT

漂亮的根部引人注目，具有闪亮光泽的叶片也是幌伞枫的特征。

龟纹木棉

　　与其他块根植物一样，为了在干燥的环境中存活，龟纹木棉具有在根部贮水的习性。修剪伸展的枝干，能让营养与水分回流到根部，使根系膨胀。而多年重复修剪，能够让它的根系变得越发浑圆。冬季落叶，进入休眠期，圆圆的根部就像一个光头，十分显眼，给人以艺术品般的神秘感。

种植要点

- 能够像盆栽一样修剪造型，是有趣的品种。
- 叶片凋落后减少浇水的频率，使土壤保持有些干燥的状态即可。

耐寒性

尺寸

如何浇水

A

P184

放置处

室外

向阳的
室内

取悦自己的无限种可能：元气绿植

这个植株具有结实而膨胀的根部。皮肤皲裂一般的表皮仿佛是岁月的痕迹。

僧帽丽塔木

　　一种原产于南非、澳大利亚的常绿灌木。与木百合外形相似，但是叶子更短，看起来也更茁壮。叶片顶端会变红，赋予其不错的外观。除在寒冷地区外，都可以作为庭院植物种植。耐寒温度只能到0摄氏度，可以按这个标准将它种植在温暖的地方。与第171页介绍的大花帝王花一样，许多人喜欢将它做成干花或者插花。

种植要点

- 耐寒，可以种植在阳台或庭院。
- 与吉祥冠锦（见第92页）及仙人掌等粗犷植物的适配度较高。

耐寒性
🍃🍃🍃

尺寸
Ⓜ

如何浇水
A
P184

放置处
☀
室外

取悦自己的无限种可能：元气绿植

苏铁麒麟

一种多肉植物，外形与常见的庭院植物苏铁类似。它是铁甲丸与鳞宝杂交而成的怪魔玉，再度与亲系的铁甲丸杂交产生的新品种。自主扩散快，是一个值得培育的品种。随着成长会逐渐木质化（植株变得像木头一样坚硬），这也让它别有一番韵味。

种植要点

- 喜日照，请种植在阳台或者室外。
- 不耐寒，冬季注意将它移到有阳光的室内。

耐寒性

尺寸

如何浇水

A

P184

放置处

室外

鸟喙丝兰

　　自从 2000 年引入日本以来，丝兰常见于个人住宅、店铺等的户外植物栽种、造景。其中尤其以主干长而直，呈分枝状的最具人气。经常与多肉植物、仙人掌等澳大利亚系植物一起被种植在干燥的庭院（耐旱植物成群的庭院）中。鸟喙丝兰生长缓慢，适合种植在你不想显著改变植物景观的空间中。

种植要点

- 耐寒，种植在室外的话能长到数米高。
- 耐旱，这是一种不怎么需要打理的植物。

耐寒性

尺寸

如何浇水
A
P184

放置处

室外

取悦自己的无限种可能：元气绿植

蛤蟆秋海棠

　　根茎类秋海棠有许多品种，颜色、枝干、外形及大小各不相同。爱好者之间还经常有稀有品种流通。蛤蟆秋海棠是以尖蕊秋海棠杂交而成的秋海棠属植物中的一种，如今在市面上广泛流通。市面上的秋海棠普遍价格不高，因此收集不同的植株是一件有趣的事情。

种植要点

- 不喜夏季强烈的日光，因此建议种在半阴处。
- 喜湿，建议挑选保湿性好的土壤来种植。

耐寒性

尺寸

如何浇水
A
P184

放置处

向阳的
室内

半阴的
室内

俗名：斑叶绵枣儿　天门冬科油点百合属　Ledebouria socialis 'Violacea'

油点百合

　　说起球根植物，大多数人会想到郁金香、风信子等。这里要介绍的是一种长着球根的多肉植物——"球根多肉"油点百合。油点百合的特征是宽大的叶片上分布着美丽的豹纹。奇特的造型让人很难想象这种植物居然会开出可爱的花朵。遇寒时叶片会凋落，露出紫色外皮包裹着的球根。不只是花朵，其他部分也有观赏价值。

种植要点

- 春天至初夏开花。
- 落叶后进入休眠期，请保持干燥。

耐寒性

尺寸

M

如何浇水

A

P184

放置处

室外

向阳的室内

取悦自己的无限种可能：元气绿植

第三部分
希望读者了解的基础知识

好容易找到一盆心仪的植物，

却总是很快就枯死了。

不知道为什么，自己养的植物总是无精打采，

买来的时候外形明明很理想，但是养出来的效果不好……

为了消除大家的这些烦恼，这里介绍一些关于植物种植的基础知识。

植物也是生命，

想要与它们长久地共同生活，请学习这些知识吧！

基本浇水方法

浇水有道

对于植物来说，水分很重要。没有水植物会枯萎，但根系如果常年浸泡在水中，则会无法通气，导致植株衰弱。盆栽观叶植物枯萎的一大原因是浇水太多导致根系腐烂。等到湿润的土壤干燥后再浇水吧。

至于土壤到什么程度才算干燥，则因植物的大小、性质以及放置地点而各不相同。举例来说，手触到土壤时感觉干爽就应该浇水了。浇水的量以盆底的小孔开始流出水为宜。用给花盆换水的感觉浇水，重复个两三次，水分就会均匀地滋润土壤。每天少量浇水会导致花盆中的旧水积蓄，这也是盆栽发臭、根系腐烂的原因之一。等到土壤中上次浇的水干掉以后再浇下一次吧！

如果花盆的大小适合移动，那么不妨把花盆搬到室外、厨房或者洗手间等有流动水的地方浇水。给整株的枝叶浇水还能冲走灰尘。待花盆中多余的水从盆底的小孔中流完后，再将花盆放回盆垫或者盆罩中。如果盆垫中有积水，就把水倒掉——这是盆栽发臭以及细菌滋生的原因之一。

冬季时，要逐渐减少浇水的次数。这时植物生长变慢，对水分的需求没有其他季节那么高，最好稍微保持干燥。相反，夏季植物吸收水分的速度变快，要多留心。此外，温度、湿度较高的季节里，如果将植物放置在紧闭的房间，刚刚浇过的水会蒸发，因此需要尽量保持良好的通风。

把水浇到叶片上时，可以直接用喷壶等。在日本，住宅环境使得室内容易干燥，给叶片浇水是一个十分有效的方法。往叶片上浇水不需要担心浇水过多的问题，更能够预防干燥时容易出现的叶螨等问题，因此，多往叶片上浇水吧。

叶片　水

不同植物的浇水要领

前文介绍了浇水的基础知识，而根据植物类型的不同，浇水还有不同的要点。本书把植物大致分成四类，以此介绍浇水的要点。对应的是第二部分记载的不同浇水方式。

浇水
类型
A

一般类型

只需要掌握前文介绍的基本浇水方法，就能够把多数植物照顾得不错。不过蕨类植物不耐旱，因此需要在土壤完全干燥之前浇水。最好在土壤还有些湿润的时候就浇水，还要频繁地给叶片洒水。

此外，将植物放在室外时，还需要特别注意夏天。即使早上土壤还没干透，也会因为夏日白天的高温而很快干掉。可以采用上午放在光照好的地方，中午以后将植物移到阴凉处的方法来应对夏天土壤严重干燥的问题。

凤梨水箱型

凤梨科植物中有些拥有"凤梨水箱"结构，如彩叶凤梨、丽穗凤梨、球花凤梨等都属于这个类型。这类植物的一大特征是不只能够从根系，也可以从叶片来汲取水分和营养。既可以像对待一般类型的植物一样往土壤里浇水，也可以向叶片重叠的中心部的筒状结构中浇水。可以用花洒的喷嘴向"水箱"洒水，通过让筒状结构中的水分溢出来向土壤给水。另外请检查筒状结构中水分的减少量。水分留存时间过长可能会发臭，需要将花盆倾斜倒出，给植株换水。

铁兰类

气生植物也属于这个类型。这类植物通常附生于岩石或者树木上，因为不需要土壤，所以常常给人以一种不需要浇水的错觉，但其实浇水是必要的。可以用洒水壶的喷头或者喷壶来给整个植株洒水，大致浇到水会从植物上滴落下来的程度。浇水后为了防止水分蒸发伤害植物，请将它们移到通风良好的地方。简单来说，春季到秋季每周浇水 2~3 次及以上，冬季大概每周浇一次就好。还需要注意，夏季时白天浇水可能会因水分蒸发损伤植株，因此请在傍晚或者晚间将植物移到清凉处浇水。霸王空气凤梨等叶片上有贮水结构的植物在夏天反而要倒过来排掉积蓄的水分，鸡毛掸子铁兰等银叶类铁兰具有比较耐旱的特征，需要据此调节浇水的频率。

鹿角蕨类

　　这类植物多半原产于热带地区，一大特征是拥有向上伸展的孢子叶和覆盖根部的贮水叶（见第 148 页）。浇水时需要浇到贮水叶的内侧。浇水过多会导致贮水叶枯萎或变色。

　　简单来说，如果栽种在花盆中，那么春天到秋天的浇水频率是大致每三天浇一次水，冬季一个月浇 3~4 次。

　　栽种在花盆中时，可以用洒水壶的喷头均匀地给整株洒水。如果植株将整个花盆覆盖住了，那么可以用整桶水浸透式浇灌。如果植物种植在附生板或者苔藓球上，更容易干燥，需要多加留心。也需要往附生板或者苔藓球上大量浇水。幼苗也容易干燥，需要频繁地给叶子洒水。

浇水
类型
D

每日功课：别让植物枯萎

不要紧闭窗户，保持良好通风

为了防止植物枯萎，保持良好的通风是必要条件。蒸腾是植物的一项生命活动，而保障空气的流动性对其很重要。此外，通风不佳会导致虫害发生的概率上升，也是土壤发霉的一大原因。最好能够将植物放置在通风良好的地方，通过自然风换气。如果主人需要外出，不得不封闭室内的话，可以使用换气扇或者电风扇来保障室内的空气循环。如果住所环境允许，可以安装一个吊扇。但是，请不要让空调或者电扇直接对着植物吹风，这会给植物增加负担，最好利用自然风从多个角度让植物透气。

想让养的植物茁壮成长，但最终还是枯萎了……这种时候，试着多留心，每天观察植物的状态：土壤和叶片是否干燥，是否遭受了虫害，室内的采光和通风条件是否理想，叶片是否变色等。每天观察植物，能够帮助你发现植物产生的微小变化，在有情况的时候确定原因并且拿出解决方案。

不要把照顾植物想作一种负担，而要像每天早上对家人问好一样关心植物，检查它们的情况。如此一来，或许你还能发现植物抽出了新芽或者长出了花苞，这不正是植物带来的慰藉吗？

所谓植物喜欢的环境

夏天　　　　冬天

尽可能营造一个温暖而湿润的环境

　　夏季的酷热使植物枯萎，冬季的难捱让植物落叶，台风还会折断枝子……种植植物时，天气会给植物带来种种不利影响。对应酷热、严寒等极端天气条件的策略将在后文介绍，但话说回来，到底什么环境对于植物而言才是最佳的呢？重中之重是前文提到的通风、光照良好的地方，接下来便是温度与湿度了。日本的梅雨气候对于大多数原产于热带的观叶植物来说很理想。尽可能营造一个接近这种条件的环境，有助于保证植物茁壮、健康地生长，也就能让植物远离枯萎了。

　　夏季经常出现浇水不及时导致植物枯萎，天气酷热导致根系腐烂、叶螨虫害、紫外线灼伤叶片等各种各样的状况。在这个季节，比起枯萎，更值得担心的是植物受损。

　　夏季封闭的室内会因为高温变得干燥，这是叶螨最喜欢的环境，因此需要保证通风良好，并多向叶片上洒水来预防虫害。此外，还应避免空调对着植物直吹。极端干燥会导致植物叶片变色、掉落。

　　另外，关于放置地点，日出到中午之前这段时间推荐放在阳光温和的地方，当日照变得猛烈后，选择一个阴凉处将植物移过去。顺带一提，种植观叶植物的老手和专家大都会选择在冬季以外的生长期将植物放在阳台等室外场所打理。

　　如果有台风来袭的征兆，请把植物搬回室内。高大盆栽容易被袭来的台风吹断枝条，因此最好早早地让它倾倒下来并固定住。暴雨季节只是淋雨倒还好说，如果有大风的可能，请像应对台风一样处理。

冬季的注意事项

　　寒冷干燥的冬季给那些喜欢温暖湿润的环境的植物带来了巨大的过冬压力。浇水过多会导致根系腐烂，寒冷天气可能导致冻伤，干燥又会使植物叶片变色，封闭在室内还会因为通风不佳而衰弱。虽说有些植物能够在寒冷地区以外的室外过冬，但是在大寒潮来临前，最好还是将它们移到室内。

　　以一个简单的标准来说，大多数植物能够在最低 5 摄氏度左右的环境中过冬，可以将植物移到主人平常活动的温暖室内。在温室中，请不要直接将暖风对准植物吹。此外，为了防止干燥，可以用喷壶对叶片洒水，同时使用加湿器。室内的窗边温度一般比较低，可以将更耐寒的多肉和仙人掌等放在这里。

　　放在室内会导致采光不足，那么可以多花点工夫，在白天将植物移动到阳光直射处，晚上再将植物移回到温暖的地方。如果植物数量太多，可以采用轮番移出的方法，也可以将植物修剪成适合室内种植，便于打理的样子。

不知道你是否有过在暑假长期外出的时候，养的植物枯萎的经历呢？这是由暑期室内的高温和封闭的无风环境造成的。请事前做好准备。

外出 3~4 天的话，出门之前像平常一样认真地浇一次水，花盆里就会留下水分。比起浇水，更重要的是放置植物的地点，最好是放在室外的阴凉处（如北侧或栏杆处）等通风良好的位置。如果是住在高层公寓，要特别留意邻居家的空调外机。阴凉且通风良好的位置是最理想的。

如果是蕨类盆栽，可以在托盘中装上大约浸没盆底 1~2 厘米的水，将花盆放在托盘中。

外出 2~4 周的话，最好还是请朋友或者邻居帮忙浇水，应当将每 4~5 天浇一次的频率以及浇水的方法向对方说明。如果不方便拜托别人，那么推荐使用自动浇水装置，可以通过家装店、园艺店以及网络等渠道购买。暂且使用自动浇水装置，等回家以后再认真浇水吧。

关于肥料

肥料种类和施肥时机很重要

除了浇水与日照，能够为植物提供营养的肥料也很重要。肥料分为天然型有机肥料与人工合成的化学肥料。其中有机肥料以生物废油和骨粉等作为原料，见效比较缓慢而很少施肥失败是有机肥料的特征。不过有机肥料强烈的臭味是它的缺点。人工合成的化学肥料没有臭味，比较适合室内植物，但施肥过多会烧坏根部，因此需要多加注意。

施肥的最佳时机是 4 月至 9 月的植物生长期。

施肥方法，又分为长久而缓慢地发挥效果的基肥和能够即时生效的追肥。基肥指的是在栽种或移栽时，将肥料混进土壤中，使肥料持续发挥效果；追肥主要是为了供应植物生长期缺失的营养，是一种补充施肥方式。其中又有即时发挥效果的液肥和效果发挥比较缓慢的堆肥。液肥可以在浇水时一起施用，最好比产品说明书上的指导用量少一些。堆肥是施放在土壤表面的固体肥料，能够缓慢发挥功效。

植物种类不同，有的喜欢稍微贫瘠的土壤，这类植物不需要施肥。施肥需要考虑植物的特性。

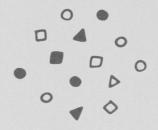

取悦自己的无限种可能：元气绿植

换盆

换盆的基础知识

不换盆会怎么样？

对植物来说，最重要的是它们的根部。大多数植物依靠根部从土壤中汲取营养和水分生长。盆栽植物所用的土量有限，当土壤中的营养流失变得贫瘠时，仅仅依靠水分供应营养很难保证植物的生长。此外，植物的根系也在不断长大，因此有限的花盆空间会渐渐变得狭窄。这种现象叫作"爆盆"。

因此，换盆对盆栽植物来说是必要的，不换盆会使过于粗壮的根部阻隔了水分进入土壤，既会导致浇水频率增加，还会让植物的生长变得缓慢。可以采用换土、换大盆，或者去除多余的根、土壤等方法，调整植物的根系。

植物的根部隐藏在花盆里，无法直接看到，但是需要换盆时，会出现以下征兆。

"根部破开土壤，暴露在土壤表面。""根系从盆底的小孔中探出来。"除此之外，当你观察到植物的叶片顶端枯萎，或者抽出的新芽生长状况不理想时，就可以考虑是否应该换盆了。否则，植物的根部可能长满花盆。

换盆时无可避免地会对根部造成伤害，因此应当在生长期之前进行，这时候换盆就算伤到了根部，损伤也能随着植物生长很快恢复。

如果植物长势很好，而你又不想将它养得太大的话，也可以不用勉强换盆。

换盆并没有什么特别的难点。应当准备的东西有新鲜的栽培土、换盆用的大小合适的花盆、盆底网、盆底石、园艺剪、一次性筷子或者竹筷。

挑选新花盆尺寸的标准很简单：假设你在两个 5 号花盆里都种了橡皮树，其中一棵根部"爆盆"而且难以拔出，那么需要一个 8 号大小的大盆，另一棵的根部如果没有扩张到这个地步，挑选一个 6~7 号的花盆就好。并不总需要挑只大一个号的花盆，因此，在换盆前请先观察根部的情况。

准备好材料后，就可以将植物从花盆中拔出了。尽量不要让根部受伤，也不要将根部周围的土壤弄散，就这样移到新的花盆里，再盖上新土就完成换盆了。常常有人会问：不需要将根部的土打散或者修剪根须吗？答案是：老旧的根部（呈棕色，中空、松软）可以用剪子修剪掉。即便如此，如果你不能分辨出哪些根是旧根的话，就这么换盆也没有问题。剪掉健康的根会对植物造成不良影响，所以不够熟练的时候，直接原样换盆就好。等到你能够判断根的状态时，再试着认真地换盆吧。

换盆的顺序

- 栽培土
- 替换用花盆（比原来的大）
- 盆底网
- 盆底石
- 园艺剪
- 一次性筷子或竹筷

1

从原先的花盆中将植物连根拔出，很难拔出的话，可以一边轻轻敲击花盆侧面，一边尝试往外拔。

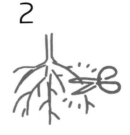

2

稍微打散土壤和根部，有必要的话剪掉旧的根部，还不熟练的话，就这么直接换盆也没有问题。

3

在替换盆的底部铺上盆底网，为了保障水的流动性，在其上铺盆底石，也可以用赤玉土代替。

4

倒入栽培土，注意土壤厚度，同时放入植物，调整植株的位置。

5

填土的同时，用一次性筷子插进根部原本带的泥土与新花盆之间，将根与根之间的土壤轻轻弄松，使新土壤能够掺入其中。

6

浇水，直至水从盆底的小孔流出，之后一周左右避免阳光直晒，将植物放在明亮的半阴处看即可。

修整树形

修整前　➡　修整后

通过修剪调整树形

　　每一天，植物的树叶、枝干都在不断生长，抽出新芽。叶片增加、树枝伸长，植物的外形不断变化。如果变得过于茂盛，就需要修剪掉妨碍植物生长的多余枝叶。或许你对剪掉植物好不容易长出来的枝叶这件事心存抗拒，但其实修剪有让植物更快抽出新芽和促进植物生长的功效。别想太多，开工吧！

　　修剪植物推荐在4月至9月的生长期进行，通过修剪调整植物造型，也能让植物更好地换气通风。修剪完毕后，为了让植物更快长出新芽，请将它放置到采光良好处。

所谓修剪，并不是盲目地剪掉树枝和叶片。

修剪的重点在于：减少新芽的数量、裁掉混在一起的树枝、调整枝叶上下左右的平衡。推荐在新芽顶端周边修剪。

修剪过后的植物，能够在下一次抽芽时更顺利。同时，植物的分枝太多，就会导致养分分散到植株各处，使枝子变得脆弱，也会影响通风换气。因此，如果有些枝子分成了三四股，就剪掉多余的，保留两股为宜。如果树枝上下左右的平衡太差，就修剪掉突兀的枝条，调整树形。

一次性完成修剪会对植物造成太大的负担，请一边观察植物的外形，一边推进修剪工作。

常见疑难 Q&A（问与答）

 我明明保证了照明，通风也还不错，为什么玄关的植物还是无精打采？

 对于任何植物来说，日照都是必要的。灯光照明带来的光意义不大。

植物几乎都是种植在室外的，虽然有人认为开着灯就能够保证照明，但是对植物来说，电灯带来的光亮意义不大。虽然灯光下的植物不会立即枯萎，但还是会渐渐丧失生命力。请把植物放在光照良好的地方吧。

 可以完全凭自己的喜好选择植物吗？

 要考虑家中是否有适合摆放这种植物的位置。

有些植物让人一眼看过去就再也移不开眼，于是人们爽快地买了下来。但是如果家中没有适合摆放的环境，那么最后还是会枯萎……在购买时，应当向店员说明预想的摆放位置，询问是否适合这种植物。本书中第二部分也介绍了摆放位置的注意事项，敬请参考。

植物看上去没有活力，浇了水之后，情况反而变
得更糟糕了，为什么？

 没有活力并不等于水分不足。

有时候植物没有活力是因为水分不足，但有时候恰恰是因为浇水太多。
此外，还有日照不足、通风不佳等各种各样的原因。思考一下，是否
是放置的地方不太合适呢？如果是因为浇水过多，可以试着暂时停止
浇水，再把它移到通风良好或是光照充足的地方，观察一下情况。

 叶片颜色变浅，光泽也渐渐消失了，这是为什么？

 或许是因为叶螨，尝试除虫吧。

叶片变得泛白、粗糙，失去光泽感，或许是因为叶螨虫害。叶螨很容
易感染其他植物，因此应该尽早除虫——用花洒仔细地冲淋植物全株
即可。同时，为了预防虫害，应当将植物放置在通风良好的地方，并
且往叶子上洒水（见第 183 页）。

植物引来了果蝇，怎么办？

 请留心不要让土壤过于湿润，不要让托盘里积水。

或许是因为潮湿的泥土或者托盘里残余的水分引来了果蝇。尤其在落叶堆积或者使用有机肥料的时候，这种现象更常见。清除土壤中的落叶，清理托盘里的积水，并且确认盆罩中没有叶片积水残留，将肥料换成化学肥料。同时，除去土壤顶部大约数厘米厚的土壤，换成赤玉土。使用小石子覆盖土壤表面也是一种有效手段。这样可以适当驱逐果蝇。

 植物看起来细长脆弱是怎么回事？

 这是因为日照不足，请保证植物的采光。

叶或者茎的颜色变浅，叶片与叶片间的间隙变大，或者叶片变得过大，枝条伸得过长，都是日照不足造成的。仅仅依靠照进室内的阳光并不足以保证植物所需的采光。重新考虑此前放置的地点，慢慢将植物移到日光够充足的位置吧。

经常出差或者外出，家中没人，没办法打理植物
怎么办？

 选择稍大一些的花盆，选择能够抵抗水分流失的
仙人掌或者多肉植物。

选择能够装更多土壤的大花盆，并且挑选耐旱能力强的植物种植吧。
这样能够减少浇水频率。此外如果只是外出 3~4 天，出门之前认真浇
过水，将植物移到室外通风良好的半阴处，就能够最大限度地保留花
盆中的水分。因为太忙而担心自己无心打理植物的人，请根据这本书
第二部分挑选耐旱的植物吧。

 叶片的朝向或者枝条抽出的方向都只朝着一边，
树形发生了变化是为什么呢？

 植物会本能地追寻着日光生长。

将植物放在有日照的窗边时，植物会为了接受阳光照射而主动朝阳光
的方向生长。这是因为植物激素会促进背阴侧的枝叶生长。为了使植
物的每个方向都接受阳光，请勤换盆栽的朝向吧。

制作协助

AYANAS
BOTANICAL WORKS

"AYANAS"是指各种色彩与形状集合，创造出美丽的外观与风景。

我们为生活寻找多姿多彩的植物，并提供建议。

AYANAS 本部位于日本群马县高崎市，业务包括观叶植物专卖，外饰、

盆栽植物、屋外装潢等设计。

〒 370-0824 日本群马县高崎市田町 53-2 3F

TEL : 027-386-6844

URL : ayanas.jp

@ayanas.jp

本书记载的内容，是截至 2020 年 2 月的信
息。相关信息或者网址可能会在没有预告的
情况下发生变动。

TOKIIRO

由提出多肉植物专门装饰方案的近藤义展、近藤友
美所组建的机构。开展以绿植设计、花园设计以及
体验讲座等为中心的多种活动，并由此创作出赋予
空间（容器）生命的故事（布景）。著有《多肉植物
生活指南》（主妇与生活社）、《令人心动的多肉植物
图鉴》（山与溪谷社）等。

URL：www.tokiiro.com

@ateliertokiiro

Feel The Garden
苔藓瓶

以苔藓瓶为中心，同时开展绿植制作、贩卖业务。
此外，每月定期开展的体验讲座也很有人气，能够
体验从入门到高级的苔藓瓶制作。会场位于东京杉
并区方南町，想要了解详情或是预约可以浏览官方
网站。

URL：www.feelthegarden.com

@feelthegarden

Flying

Flying主营商业设施的展示设计与空间设计。生产
与销售鹿角蕨用附生板，此外，春季到秋季间还会
不定期举办板植植物体验讲座。附生板可以在销售
网站购买，有各种原创形状，尺寸多样。

URL：https://imama-net.stores.jp/

@flying_design

SNARK Inc.

以日本群马和东京为主要据点开展业务的建筑设计
事务所。营业范围从家具等物件到室内装潢、新居
住宅、公共设施等相关策划、设计、施工管理以及
活动策划、运营。

URL：www.snark.cc

 @snark_inc

---

aarde

拥有 2500 种以上花盆单品，创业近 70 年的老字号
花盆供应商近江化学商事为个人用户开设的花盆花
架专营店。每周六会开放东京杉并区方南町的仓库，
开展面向所有人的全品九折展示销售。

URL：www.aarde-pot.com

HACHILABO

在植物（主角）与花盆（配角）"相辅相成，相得益
彰"的关系中，HACHILABO 提出配角并非毫无存在
感，而是润物细无声的所谓"名配角"理念。

URL：www.8labo.jp

@8labo

ideot

位于东京涩谷区神山町的生活馆。商品覆盖古典、
现代、奢华等各种风格，不拘于流派、时代与国界，
让您感受"当下"的魅力。

URL : www.ideot.net

⊙ @ideot_net

VOIRY STORE

位于东京目黑区安静住宅区内的杂货店。如同美国
加油站休息区的商店、学校里的小卖部、小型杂货
铺一般，陈列着各种商品。经营范围从围裙到包、
鞋子等原创杂货和服装。

URL : voiry.tokyo

⊙ @voirystore

Royal Gardener's Club

Royal Gardener's Club 由日本园艺浇水用具、净水
器市场占有率最高的公司设立。致力于物件的制
造，主营让您能够从工业制品中感受到手工般温度
的园艺产品。在自由之丘，还有与女性园艺团体
"La terre"合作经营的店铺。经营范围不限于插
花、花苗以及园艺用品，还提供园艺护理方面的咨
询服务。

URL : www.rgc.tokyo

⊙ @royal_gardeners_club

menui

主营藤编篮子的 menui 在东京吉祥寺拥有两间店铺。东急室内店经营不同国家风格、不同素材以及尺寸的各种藤编篮子，还开办藤编篮子商品体验讲座。此外，在路边店还有杂货、配饰以及衣物出售。

URL : menui.jp
@menui_
@menui_nakamichi

ROUSSEAU

由中山茜创立的玻璃制品品牌。手工慢制各种玻璃产品，灵感来自植物、矿物以及自然界的秩序之美。通过手工制作的花瓶、镜子、玻璃展示柜等，为您的生活增添自然的造型之美。

URL : rousseau.jp
@rousseau____

萩野昌

在美国及澳大利亚折服于针织品的魅力，目前主营手工制作的以极简图案编制而成的针织杂货，以日本新潟县为中心营业。

URL : ronronear.theshop.jp
@tami_designs

绿色杂货屋

在心仪的杂货中增添一抹绿色，就能够让杂货变得更加可爱。绿色杂货屋贯彻"更加可爱"这一理念，收集了大量或一手或二手的杂货以及各种与杂货非常适配的植物。提倡营造"绿色的生活空间"。

URL : midorinozakkaya.com
@midorinozakkaya

参考文献

最新版たのしい観葉植物 (主婦の友社)

緑と空間を楽しむ インドアガーデン (成美堂出版)

グリーンで楽しむインテリア (パイ インターナショナル)

はじめてのインドアグリーン選び方と楽しみ方 (ナツメ社)

SOLSO FARM BOOK インドアグリーン (小学館)

多肉植物ハンディ図鑑 (主婦の友社)

多肉植物生活のすすめ (主婦と生活社)

ときめく多肉植物図鑑 (山と渓谷社)

インドアグリーンのある暮らし (主婦の友社)

マクラメ•インテリア 結びでつくる BOHO スタイル (グラフィック社)

中英文对照表

air plants	空气植物	interior	室内
botanical	植物学的	iron	铁
cacti & succulents	仙人掌及多浆类植物	ladder shelf	梯子物品架
case	案例	low	低
ceramic	陶瓷	outdoors	室外
codex	块根植物	partial shade	半阴
complete	完成	plant	植物
concrete	混凝土	platycerium	鹿角蕨
DIY	自己动手做	root	根
forma cristata	缀化	small balcony garden	阳台小花园
full sun	阳光满满	sunny place	充满阳光的地方
green life	绿色生活	tillandsia	铁兰
hanging	悬挂	tools for container gardening	容器园艺工具
high	高	with board	带板的